NORMEN MROZINSKI

SO GEHT HUND!

NORMEN MROZINSKI

SO GEHT HUND!

MIT ILLUSTRATIONEN VON
FABIA MATVEEV

TYPISCH HUND

58 Hallo Welt!
60 Das prägt fürs Leben
63 Baustelle im Kopf
64 Ganz der Papa
67 Trial and Error
68 Vorsicht, spielender Hund
71 Alles ganz normal
72 Kleines Körper-Einmaleins
74 Vom Brummen, Knurren und Bellen
77 Liebst du mich?
78 Charmante Strategen
81 Calming Signals

6 Vorwort

ÜBER HUNDE

10 Vom Wolf zum Hund
12 Echte Spezialisten
15 Doppeltes Lottchen
16 Best of: Beliebte Hunderassen
18 Hundekonzentrat
21 Wer ist der Schlauste?
22 Was fühlt mein Hund?
24 Freunde auf vier Pfoten
27 Mit allen Sinnen
28 Dogs with Jobs

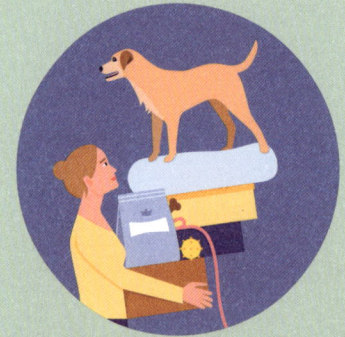

EIN HUND ZIEHT EIN

33 Allerbeste Voraussetzungen
34 Das Kleingedruckte
37 Welpe oder erwachsener Hund?
39 Aus erster oder zweiter Hand?
40 Pizza-Hunde
42 Eins, zwei oder drei …
44 Hunde-Must-Haves
46 Quietsch, Quietsch
48 Mmh, das schmeckt!
51 Style Dog
53 Bleib gesund!
54 Erste Hilfe

4 INHALT

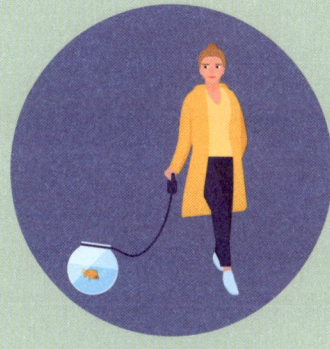

JETZT WIRD GELERNT

85 Wo lernt der Hund?
86 Welpengruppe gesucht
89 Alles eine Frage der Erziehung
90 So geht Lernen
92 Alles Frolic, oder was?
94 Horch mal, was da clickt
96 Die Sache mit der Konsequenz
99 Zieh doch nicht so!
101 So klappt's mit dem Üben
102 Sitz und Platz!
104 Komm!
107 Nur kein Stress
109 Frühförderung
111 Entspannt Gassi gehen
112 Hündchen Hopp
114 Bring Stöckchen!
117 Der mit dem Hund tanzt
118 Immer der Nase nach

PROBLEME UND PROBLEMCHEN

123 Hund allein zu Haus
124 Chaos total
127 Leinenpöbelei
128 Das ist mein Futter
131 Dich mag ich nicht!
133 Halali
134 Balljunkies
136 Mit Gruselfaktor
138 Ab ins Abenteuerland

ZUM NACHSCHLAGEN

140 Register
142 Bücher und Adressen, die weiterhelfen
144 Impressum

QUALITÄTS GU GARANTIE

DIE GU-QUALITÄTS-GARANTIE

Wir möchten Ihnen mit den Informationen und Anregungen in diesem Buch das Leben erleichtern und Sie inspirieren, Neues auszuprobieren. Bei jedem unserer Produkte achten wir auf Aktualität und stellen höchste Ansprüche an Inhalt, Optik und Ausstattung. Alle Informationen werden von unseren Autoren und unserer Fachredaktion sorgfältig ausgewählt und mehrfach geprüft. Deshalb bieten wir Ihnen eine 100 %ige Qualitätsgarantie.

Darauf können Sie sich verlassen:
Wir legen Wert auf artgerechte Tierhaltung und stellen das Wohl des Tieres an erste Stelle. Wir garantieren, dass:
• alle Anleitungen und Tipps von Experten in der Praxis geprüft und
• durch klar verständliche Texte und Illustrationen einfach umsetzbar sind.

Wir möchten für Sie immer besser werden:
Sollten wir mit diesem Buch Ihre Erwartungen nicht erfüllen, lassen Sie es uns bitte wissen! Wir tauschen Ihr Buch jederzeit gegen ein gleichwertiges zum gleichen oder ähnlichen Thema um. Nehmen Sie einfach Kontakt zu unserem Leserservice auf. Die Kontaktdaten unseres Leserservice finden Sie am Ende dieses Buches.

GRÄFE UND UNZER VERLAG
Der erste Ratgeberverlag – seit 1722.

UNSER BESTER FREUND

Einerseits …

… stinken sie, sind laut und machen Dreck. Und den nächsten Urlaub auf den Malediven können Sie sich ohne adäquate Betreuung für Ihren Vierbeiner genauso abschminken wie Kleidung ohne Hundehaare oder Pfotenabdrücke. Apropos Schminken: Das können Sie sich sparen, bei dem Sauwetter da draußen. Schließlich will der »Kleine« auch raus und beschäftigt werden, wenn es wie aus Eimern regnet. Und wenn wir schon beim Thema Sparen sind: Der neue weiße Hochflorteppich würde ohnehin nicht lange strahlen, heben Sie sich das Geld also lieber für Tierarzt, Futter und Hundesteuer auf.

Sind wir mal ehrlich: Es gibt vermutlich kaum etwas Unvernünftigeres, als sich einen Hund anzuschaffen.

Andererseits …

… sang schon die Kabarettistin Ina Werner: »Hätt ich ’n Hund, hätt ich ’n Grund.« Zum Beispiel, wenn aus dem gemütlichen Abend mit Freunden ein nicht enden wollender unendlicher Vortrag vom letzten Wochenende im Schwarzwald wird. Schade, dass Sie nicht noch bleiben können. Aber leider muss Ihr Liebling noch raus. »Gassi, ihr versteht schon, sonst wäre ich wirklich gerne noch geblieben.« Sie haben nicht wirklich Lust, den Samstagnachmit-

tag mit dem Liebsten auf dem Fuß-
ballplatz zu verbringen? Leider hat
der Hundesitter im letzten Moment
abgesagt. Wie praktisch!

Das Beste aber ist …
dass es Ihrem Hund egal ist, ob Sie
reich sind oder arm, groß oder klein,
ob Sie eher schlank sind oder ein paar
Pfunde zu viel auf die Waage bringen.
Er ist immer da – egal, ob Sie Streit
mit Ihrem Partner hatten, mit Erkäl-
tung im Bett liegen oder sich freuen
und glücklich sind. Ihren Hund interessiert es nicht, ob Sie erfolgreich
sind oder nicht, ob Sie in teurer Mar-
kenkleidung herumlaufen oder im
T-Shirt vom Discounter. Hunde sind

so herrlich unvoreingenommen und
nehmen uns schlicht so wie wir sind.
Mit all unseren Unvollkommenheiten
und kleinen Macken. Hunde sind
großartig. Sie bereichern das Leben,
und deshalb gibt es wohl nichts Sinn-
volleres, als sich einen eignen Vierbeiner anzuschaffen. Sie haben schon
einen? Dann haben Sie wirklich einen
Grund, sich zu freuen. Denn Sie dürfen Ihr Leben mit einem ganz besonderen Haustier teilen. Ich wünsche
Ihnen dabei ganz viel Spaß!

Normen Mrozinski

ÜBER HUNDE

»Ein Leben ohne Hund ist möglich, aber sinnlos«. Das wusste schon Loriot. Hunde sind tatsächlich mehr als »nur« Haustiere. Hunde sind ein Kulturgut, genauso wie Goethe, Luther, Neuschwanstein und bayerische Brezen. Schon unsere Vorfahren wussten die unglaublichen Fähigkeiten der Vierbeiner für sich zu nutzen. Doch statt wie damals bei der Jagd oder als Schutz zu dienen, sind Hunde heute vor allem Familienmitglieder, Sozialpartner und wahrlich der beste Freund des Menschen. ✖

VOM WOLF ZUM HUND

Vor ungefähr 34 000 Jahren wurde der Wolf zum Hund. Damit liegen die Vierbeiner ganz klar auf Platz 1 im Wettbewerb um die ältesten Haustiere des Menschen.

Wie das Ganze jedoch genau vonstattenging, darüber streiten sich die Experten bis heute. Bis vor ein paar Jahrzehnten stand sogar noch zur Diskussion, ob überhaupt alle Hunde tatsächlich vom Wolf abstammen. Oder ob nicht doch auch der Goldschakal seine Hand, Pardon Pfote, im Spiel hatte. Anders konnte sich selbst der berühmte Verhaltensforscher Konrad Lorenz am Anfang nicht erklären, warum Hunde so unterschiedlich aussehen können. Erst viel später – da war er schon Nobelpreisträger – soll er gesagt haben: »Hätt' ich mir die Viecher doch nur genauer angesehen.«

Doch zurück zum Wolf und wie er zum Hund wurde. Eine gängige Theorie lautet: Der Mensch hat den Wolf domestiziert, nachdem er erkannt hatte, dass dieser für ihn nützlich war. Zum Beispiel, weil er ihm durch sein Verhalten anzeigte, wenn Gefahr durch Eindringlinge bestand oder etwas Jagdbares in der Nähe war. Irgendwann soll sich dann ein mutiger Stammeskrieger getraut haben, einem Wolf Futter anzubieten – und ein besonders mutiger Wolf ließ sich dieses Angebot nicht entgehen. Der Beginn einer wunderbaren Freundschaft?

Wohl kaum, würden diejenigen Forscher antworten, die meinen, dass die Domestikation des Wolfs nur möglich war, weil Zwei- und Vierbeiner zuvor einen bestimmten evolutionären Prozess durchlaufen hatten. Co-Evolution heißt das Zauberwort, und es bedeutet, dass sich Menschen und Wölfe im Zuge ihrer Stammesgeschichte einander angenähert haben. Ein Argument dafür ist, dass schon unsere Vorfahren jede Menge Müll produzierten, der für Wölfe und andere Beutegreifer recht attraktiv war. Ganz nach dem Motto »Was dem einen sein Müll, ist dem anderen sein Mittagessen« ersparten die Reste der Menschen den Wölfen die anstrengende, gefährliche und häufig erfolglose Jagd. Erst durch diese Symbiose, so argumentieren Verfechter der Co-Evolution-These, konnte der Wolf überhaupt zum Hund werden.

Wieder andere vertreten die Ansicht, dass all unsere Hunde von einem Urhund abstammen, der jedoch schon lange ausgestorben sei. Gefunden hat diesen Gevatter bisher allerdings noch keiner.

Wie auch immer es genau war, das Ergebnis kann sich sehen lassen. Allein in Deutschland leben heute etwa sechs Millionen Hunde, die als einzige Haustiere alle eins gemeinsam haben: Wenn sie die Wahl haben, ziehen sie den Menschen jedem Artgenossen vor. ✖

Bei den Hunden gibt es
VIELE VARIATIONEN:
Schlappohren,
Ringelrute, Scheckungen

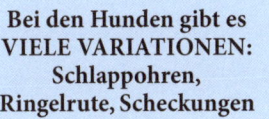

Hunde werden im
Vergleich zum Wolf auch
NICHT ERWACHSEN
(Neotenie)

Wölfe haben
ca. 30 Prozent
MEHR
GEHIRNMASSE
als Hunde …

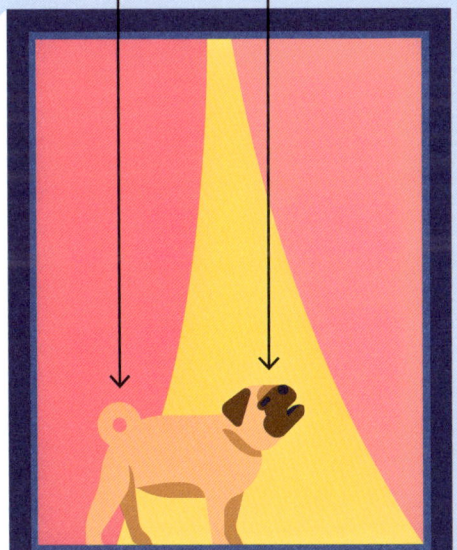

… und BELLEN
im Gegensatz zu
diesen nicht bei
jeder Gelegenheit

ECHTE SPEZIALISTEN

Die ersten Hunde waren für den Menschen wohl keine große Hilfe. Sie flüchteten, sobald Eindringlinge auftauchten, und halfen weder bei der Jagd noch beim Schafehüten. Dass ein Jäger heute nicht ohne seinen Hund ins Revier geht und der Hund eines Schäfers dessen bester Mitarbeiter ist, ist unseren Vorfahren zu verdanken. Sie fingen irgendwann damit an, besonders talentierte Hunde miteinander zu paaren. So entstanden immer mehr Experten – in Sachen Jagd, Schafehüten, Hofbewachen oder auch Oma-bei-Laune-Halten. ✖

VORSTEHHUNDE

Rassen wie Pointer, Setter und Magyar Visla sind Jagdhunde, die helfen, bei der Jagd das Wild aufzuspüren. Sobald der Vorstehhund Reh, Hirsch und Co entdeckt hat, verharrt er schlagartig wie eine Salzsäule in seiner Position, ohne einen Mucks von sich zu geben. Die Älteren unter uns kennen dieses Verhalten vielleicht noch von Pluto, dem gelben Vierbeiner und besten Freund von Mickey Maus. Der verhielt sich auch immer so, wenn er irgendwo ein verdächtiges Geräusch hörte.

Ist die potenzielle Beute noch etwas weiter entfernt, »zieht er nach« und bewegt sich langsam immer mehr auf das Wild zu. Der Jäger hat dann »nur« noch die Aufgabe, das Wild aufzuscheuchen, und seinen Schuss abzusetzen. Auch Rassen wie Deutsch Drahthaar oder Weimaraner gehören zu den Vorstehhunden. Im Jägerjargon nennt man sie jedoch »Vollgebrauchshunde«. Denn sie werden nicht nur zum Vorstehen, sondern oft auch für andere Aufgaben verwendet.

GESELLSCHAFTSHUNDE

War der höhere Herr früher unterwegs, um Geschäfte zu machen oder um mit seinem Vorstehhund der Jagd zu frönen, musste die Dame des Hauses oft tagelang auf ihn warten. Um zu verhindern, dass sie sich währenddessen allzu sehr langweilte und hinterher noch auf die Idee gekommen wäre, ihr häusliches Dasein infrage zu stellen, beschenkte der clevere Gentleman sie mit einem Hündchen, den sie hegen, pflegen und bekuscheln konnte, während er seinen Abenteuern nachhing. Auch wenn diese Zeiten zum Glück vorbei sind: Gesellschaftshunde gibt es immer noch. Rassen wie Pekinese, Französische Bulldogge und Mops sind bis heute keine großen Experten, wenn es ums Jagen oder Hüten geht. Dafür sind sie gesellige Kerlchen, die es verstehen, einem den Alltag auf vielfältige Weise zu versüßen. Eine wahrlich große Aufgabe!

SCHLITTENHUNDE

»Sie sind Helfer und Freunde. Man kann kein Haustier aus einem Schlittenhund machen, diese Tiere sind viel mehr wert.« Dieser Satz stammt von einem gewissen Helmar Hanssen, und der muss es gewusst haben. Schließlich war er als Polarforscher 1912 an der Eroberung des Südpols beteiligt. Schlittenhunde wie Siberian Huskys oder Alaskan Malamutes wurden von den Inuit und anderen indigenen Volksgruppen seit jeher bei der Jagd auf Robben und Wale eingesetzt. Im Winter zogen sie Schlitten, im Sommer trugen sie die Ausrüstung auf dem Rücken. Denn unabhängig von der Jahreszeit sind Schlittenhunde extrem ausdauernd und arbeitswillig. Und weil sie keine besonderen Ansprüche ans Futter stellen, mussten die Jäger auch keine Futtersäcke mitschleppen. Heute trifft man Huskys und Co. zwar eher bei Hundeschlittenrennen an – aber Wesen und Ansprüche sind nach wie vor die alten. ✖

Wenn ein Golden Retriever und eine Schäferhündin Welpen haben, handelt es sich um MISCHLINGSHUNDE, die die Eigenschaften ihrer Eltern in sich vereinen können.

WILDLEBENDE HUNDE haben keine Rasse-Verwandtschaft und sind deswegen nicht so spezialisiert wie ein Mischling.

DOPPELTES LOTTCHEN

Bobby, der Hund einer Freundin, ist so ziemlich der faulste Hund, den ich je erlebt habe. Spazieren gehen findet er gerade noch akzeptabel. Aber als seine Besitzerin ihn zu Agilitiy motivieren wollte, schaute er ihr erst mit einer Mischung aus Mitleid und Empörung in die Augen, drehte sich dann um und trottete von dannen.

Meine Freundin findet das außerordentlich schade. Denn als sie Bobby aus dem Tierheim übernahm, sagte man ihr, er sei ein Border-Collie-Mischling. Und mit seinen Kippohren und dem gescheckten Fell sieht Bobby tatsächlich ein wenig so aus. Könnte Bobby aber sprechen, würde er nur müde lächeln und antworten: »So ein Quatsch, ich bin doch kein Mischling.«
    In vielen Regionen der Welt sehen sich Hunde ähnlich, obwohl nie ein Mensch auf die Idee gekommen ist, sie zu züchten. Man nennt solche Hunde rasselose Hunde. Der Grund für die »Zwillingsoptik«: Je nachdem, wie sich die Umgebung, in der Hunde leben, gestaltet, setzen sich bestimmte Merkmale durch. Ist es dort zum Beispiel sehr warm, haben die Hunde ein eher kurzes Fell. Ist es sehr kalt, ist ihr Haarkleid eher dicht. Die Hunde ähneln sich deshalb auch ohne gezielte Selektion und Verpaarung weitestgehend. Dasselbe gilt oft auch für ihr Wesen.
    Auch Bobby ist ein rasseloser Hund. Dass er aussieht wie ein Border-Collie-Mix, ist purer Zufall. Bobbys Kumpel Paulchen ist derweil ein »waschechter« Mischlingshund. Seine Mutter war eine grazile Hovawart-Dame, sein Vater ein reinrassiger Labrador Retriever. Dementsprechend vereint Paul auch die Eigenschaften beider Rassen in sich. Verfressen wie sein Vater, aber wachsam wie die Mutti. ✖

BEST OF: BELIEBTE HUNDERASSEN

Es gibt Menschen, die halten ihr Leben lang nur Hunde einer Rasse. Und manche von ihnen bleiben dabei über all die Jahre sogar immer ein und demselben Namen treu. Sie aber suchen vielleicht erst noch nach dem perfekten Begleiter fürs Leben. Wie soll er sein? Aktiv oder eher ruhig, damit man mit ihm auf dem Sofa kuscheln kann? Wollen Sie eher etwas Wuscheliges oder etwas Kurzstockhaariges? Steh-, Schlapp- oder Stehkippohren? Kurze oder lange Beine, Ringelrute, Säbel oder Korkenzieher? Zum Glück ist bei über 400 Rassen für jeden etwas dabei. Und man darf ruhig auch mal abwechseln. ✖

HÜTE- UND TREIBHUNDE

Intelligent, lernwillig, schnell und sportlich: Hütehunde sind von den Hundeplätzen und -wiesen dieser Republik nicht mehr wegzudenken. Spätestens, seit die Hündin Fly ein Schweinchen namens Babe gerettet hat, erfreuen sich Border Collie, Aussie und Co.mgroßer Beliebtheit. Hütehunde passen am besten zu aktiven Menschen, die Lust und Zeit haben, sich gemeinsam mit ihnen in Abenteuer zu stürzen. Aber Vorsicht, Hütehund ist nicht gleich Hütehund. Die verschiedenen Rassen unterscheiden sich vom Charakter sogar ziemlich stark voneinander – je nach ihrem ursprünglichen Job. Eins haben jedoch alle gemeinsam: Sie sind intelligent und lernen schnell. Das gilt nicht nur für »Sitz!«, »Platz!« und »Fuß!«, sondern auch für Blödsinn aller Art. Und so staunte manch stolzer Hütehundebesitzer schon nicht schlecht, wie kreativ und clever sein Vierbeiner sein kann, wenn es darum geht, ihn an der Nase herumzuführen.

RETRIEVER

Retriever und insbesondere Labradore gelten noch immer als DIE Familienhunde. Ursprünglich als robuste Apportierhunde gezüchtet sind sie stoisch genug, sich einfach umzudrehen und weiterzuschlafen, wenn man mal über sie stolpert. Aufgrund ihres starken Nervenkostüms kommen sie auch mit einem chaotischen Familienleben noch gut zurecht. Trotzdem sind sie als Gebrauchshunde aktiv dabei, wenn es darum geht, Pferde zu stehlen. Dass sie ursprünglich einmal tote Enten aus dem Wasser holen sollten, brachte manche Züchter auf die Idee, dass ein wenig Speck um die Hüften gut gegen Kälte schützen könnte. Leider sorgt das aber auch dafür, dass gerade Labbis gerne sehr verfressen sind – und man alles Essbare besser gut versteckt, bevor der Hund es findet. Das gilt selbst für die Pantoffeln.

TERRIER

Terrier gibt es in vielen Varianten – vom großen russischen über den mittelgroßen Airdale bis hin zu den kleineren Jack- und Parson-Russel-Terriern, die sich großer Beliebtheit erfreuen. Diese kleinen Hunde wurden einst gezüchtet, um einem Dachs in seinen Bau zu folgen oder eine Wildsau zu stellen – beides Gegner, die den kleinen Hunden körperlich weitaus überlegen sind. Doch diesen Umstand weiß ein Terrier mit einer gesunden Portion Größenwahnsinn auszugleichen. Terrier sind deshalb die perfekten Hunde für Menschen, die einen kernigen Kumpel suchen und auch über den entsprechenden Humor und die entsprechenden Nerven verfügen, den es braucht, um mit so einer kleinen Krawallbürste zusammenzuleben. Frei nach dem Motto »Der ist nicht klein, das ist ein Hundekonzentrat« gehen Parson, Jack und Co. mit ihrem Mensch durch dick und dünn. ✖

HUNDE- KONZENTRAT

Kleinsthunde sind praktisch. Sie nehmen kaum Platz weg und passen prima in die Handtasche. Finden Sie auch? Dann sollten Sie sich lieber keinen Kleinsthund anschaffen. Oder wussten Sie, dass Yorkis in England einst im Kampf gegen Ratten eingesetzt wurden? Und mancher Brite seinen Wochenlohn verlor, weil er im Hundekampf auf den falschen Zwerg setzte? Wahre Größe kommt von innen. Apropos Größe: Allzu klein sollte ein neuer Vierbeiner nicht gezüchtet sein. Denn mit zunehmendem Zwergenwuchs steigt das Verletzungsrisiko. So manchem Mini wurde schon ein Sprung vom Sofa zum Verhängnis. ✖

Viele KLEINHUNDE gehören zur Gruppe
der Gesellschafts- und Begleithunde.
Aber nicht alle: Kleine Jagdhunde, wie
Jack Russell und Dackel, gehen als
Bautenhunde sehr ernsthaft zur Sache.

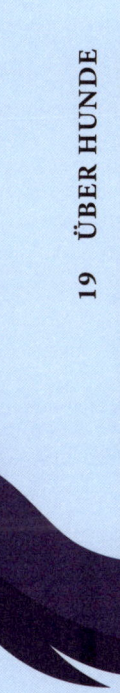

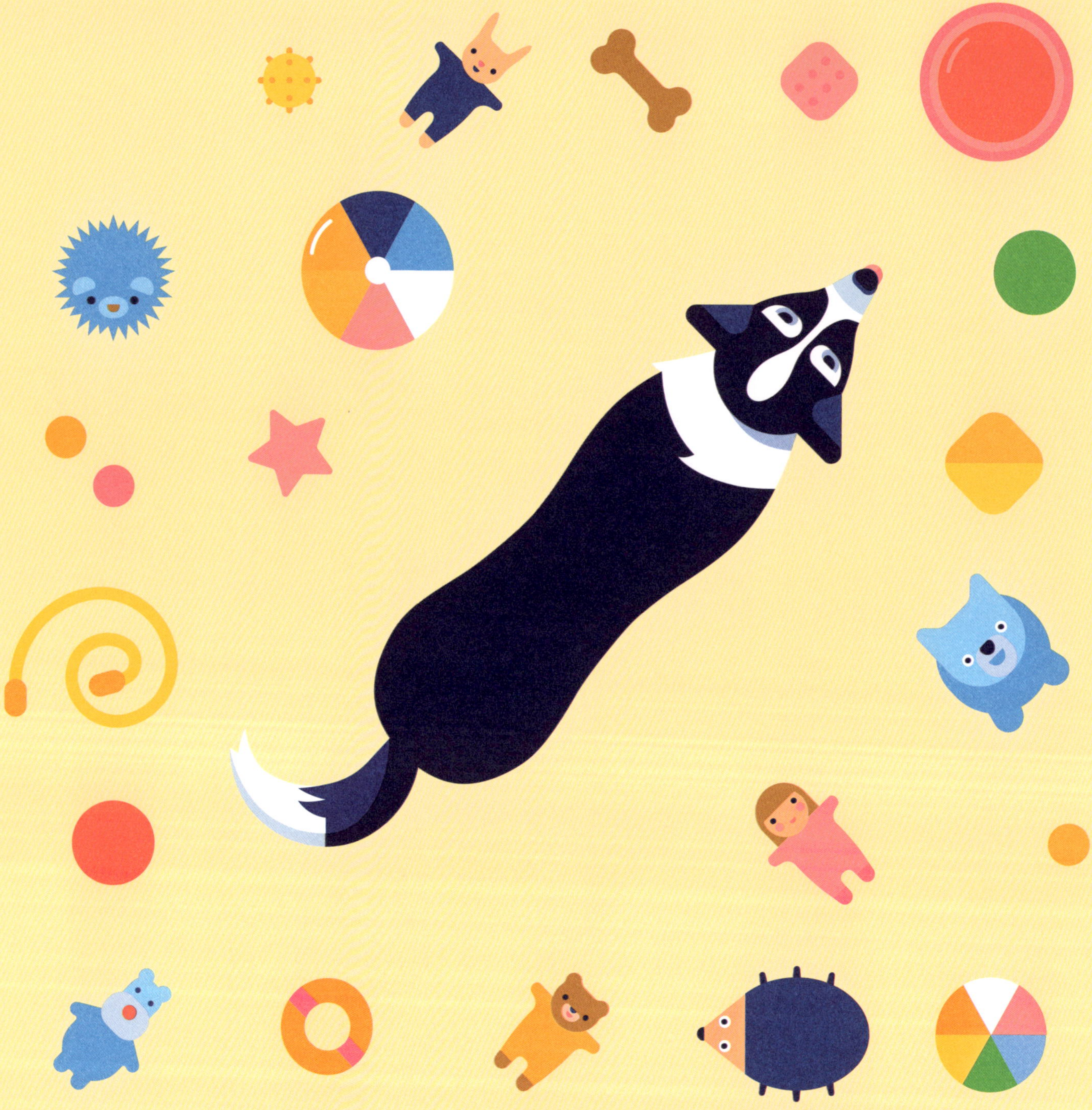

WER IST DER SCHLAUSTE?

Wenn es um Verhaltensforschung geht, steht immer wieder eine Frage im Raum: Wie intelligent sind Tiere eigentlich? Und so liest man in den Medien immer wieder Sätze wie »Unsere Hunde sind so intelligent wie dreijährige Kinder, Schweine sogar wie fünfjährige.« »Das gilt auch andersrum«, erwiderte einst der Kabarettist Vince Ebert und traf damit den Nagel auf den Kopf.

Rico war wohl einer der bekanntesten Hunde seiner Zeit. Mit seiner Besitzerin trat er 1999 in der ZDF-Show »Wetten dass …?« auf und begeisterte das Publikum, weil er sage und schreibe 77 unterschiedliche Gegenstände auseinanderhalten und auf Kommando aus einem Nebenraum herbeiholen konnte. Bis zu seinem Tod im Jahr 2008 stieg die Zahl sogar noch weiter – auf 200 Gegenstände.

Wissenschaftler fanden schließlich heraus, dass Rico auf eine Art und Weise lernte, die vergleichbar war mit dem Lernverhalten von Kleinkindern. War er also genauso intelligent wie ein Kleinkind?

Intelligenz zu messen ist gar nicht so einfach. Wenn es zum Beispiel um die Nutzung von Werkzeug geht, sind Hunde nicht besonders schlau. Menschen allerdings auch nicht unbedingt: Probanden, die vor die Aufgabe gestellt wurden, einen Ball aus einer langen Röhre zu fischen, die fest auf einem Tisch verschraubt war, scheiterten oftmals gnadenlos. Obwohl ihnen diverse Werkzeuge zur Verfügung standen. Als man den Versuch zum Vergleich mit Schimpansen wiederholte – mit dem Unterschied, dass kein Ball, sondern eine Erdnuss in der Röhre lag –, kamen die dagegen ziemlich schnell auf die Lösung. Die schlauen Primaten gossen einfach Wasser in die Röhre, wodurch die Erdnuss immer weiter nach oben stieg, bis man sie herausangeln und fressen konnte. Sind Affen also intelligenter als Menschen? Nein, die menschlichen Probanden kamen nur nicht auf die Idee, Wasser als Werkzeug zu nutzen. Wasser ist zum Trinken da. Affen sind da pragmatischer.

Im Bereich der sozialen Intelligenz können wiederum Hunde punkten. Geht es darum, die Körpersprache des Menschen zu lesen und Stimmungen aufzugreifen, sind unsere Vierbeiner wesentlich klüger als so mancher Ehepartner, der fröhlich von einem Fettnäpfchen ins nächste tritt. Hunde können zum Beispiel unsere Laune nur anhand unserer oberen Gesichtshälfte erkennen. Mehr noch: Forscher in Budapest haben herausgefunden, dass Hunde genau wie Menschen den Inhalts- und den Sachaspekt einer Botschaft auseinanderhalten können, und das Belohnungssystem im Gehirn – ebenfalls genau wie bei uns – nur dann aktiviert wird, wenn die Botschaft schlüssig ist.

Wie intelligent sind Hunde also? Auf jeden Fall um einiges klüger, als wir häufig denken. ✖

WAS FÜHLT MEIN HUND?

Jeder Hundebesitzer weiß, dass unsere Vierbeiner Gefühle haben. Man kann dafür zig Beispiele nennen: von Hunden, die sich wie Bolle freuen, wenn man nach Hause kommt – auch wenn man nur fünf Minuten weg war. Die sofort merken, dass man nicht gut drauf ist, und einem dann liebevoll die feuchte Nase aufs Knie legen und sich zum Kummer-weg-Streicheln neben einen setzen. Die aber auch ganz genau wissen, wenn sie mal Mist gebaut haben … Die moderne Forschung untersucht heute, was Hundefreunde schon lange wissen. Selbstverständlich haben Hunde Gefühle! ✖

ECHT LAUNISCH

Noch vor gut 200 Jahren gingen selbst Wissenschaftler davon aus, dass nur diejenigen Lebewesen Gefühle haben könnten, die »gottbeseelt« wären. Und diese Gabe sprach man allen Tieren ab. Erst in den 1950er-Jahren, der großen Zeit der Verhaltensforscher, stellte man fest, dass Tiere über wesentlich mehr geistige Fähigkeiten verfügen als bisher angenommen. Konrad Lorenz etwa beobachtete, dass »sehr viele höhere Tiere Ausdrucksbewegungen und -laute haben, die nicht etwa eine spezielle Art von lust- oder unlustbetontem Erleben ausdrücken, sondern Lust und Unlust schlechthin.« Was das für den Hundealltag bedeutet? Nichts anderes, als dass ein Hund, der nicht kommt, wenn man ihn ruft, nicht nur so tut, als hätte er keine Lust, sondern tatsächlich keine Lust hat.

FAIRE PARTNER

Es ist immer wieder ungemein faszinierend, Hunde beim Spielen zu beobachten. Man kann dabei zum Beispiel ziemlich schnell feststellen, dass sie aufeinander Rücksicht nehmen: Der kleine Whippet etwa ist viel schneller als der junge Aussie. Deshalb wartet er, damit sein Spielgefährte mithalten kann. Der Rottweiler wiederum ist dem Spaniel körperlich zwar klar überlegen, trotzdem gibt er im Raufspiel auch mal nach und lässt sich auf den Rücken plumpsen. Und die Deutsche Dogge legt sich einfach auf den Boden, um den doch recht gewaltigen Größenunterschied zum Dackel auszugleichen. Der Biologe Marc Bekoff nennt das »Fairness«.

MITGEFÜHL

Hunde können sich freuen, sie können trauern, und sie kümmern sich um die Ihrigen. Die beiden Doggen Lily und Maddison aus England sind dafür ein echtes Paradebeispiel: Obwohl man Lily im Alter von 18 Monaten beide Augen entfernen musste, konnte sie ein ganz normales Leben führen. Der Grund dafür war Maddison, der sich ihrer annahm und zum Blindenhund für seine blinde Freundin wurde. Jahrelang stand er ihr bei jedem Schritt treu zur Seite. Ein anderes Beispiel: Tierschützer in Südamerika berichteten von Straßenhunden, die sich nach einem Unfall liebevoll um ihren verletzten Artgenossen kümmerten. Über Wochen hinweg versorgten sie ihren Freund, bis alle Wunden verheilt waren. ✖

FREUNDE AUF VIER PFOTEN

Ein Hund ist des Menschen bester Freund, heißt es. Aber wie steht es eigentlich tatsächlich um die sprichwörtliche Treue?

2011 bangte eine Familie aus Franken acht lange Wochen um ihren Hund. Während des Urlaubs im Bayerischen Wald hatte sich der junge Rüde plötzlich erschreckt und war davongerannt. Nachdem alles Suchen erfolglos geblieben war, musste man die Heimreise schweren Herzens ohne den vierbeinigen Freund antreten. Und dann plötzlich, zwei Monate später, stand der Hund vor ihrer Tür – 250 Kilometer von dem Ort entfernt, an dem die Familie ihn verloren hatte. Ein Wunder? Auf jeden Fall nicht das einzige dieser Art.

Verlässt man in Tokio den Bahnhof Shibuya gen Westen, fällt einem sofort eine Hundestatue ins Auge. Sie zeigt Hachikō, einen Akita, der nicht nur diesem Ausgang seinen Namen gab, sondern in ganz Japan als Sinnbild der Treue gilt.

Hachikōs Besitzer war ein japanischer Professor. Jeden Tag nahm der den Zug zur Universität, und jeden Abend wartete Hachikō am Bahnhofsvorplatz, um sein Herrchen abzuholen. Doch dann passierte etwas Schreckliches: Während einer Vorlesung im Mai 1925 erlitt der Mann eine Hirnblutung und verstarb. Seine Witwe verließ trauernd Tokio und gab Hachikō an Verwandte weiter. Doch dort hielt es den Rüden nicht lange. Er büxte aus und lief zum Bahnhof, wo er von nun an jeden Tag auf die Rückkehr seines Herrns wartete.

Ein früherer Student des Professors erkannte den Hund und begann, seine Geschichte niederzuschreiben. So wurde Hachikō in ganz Japan berühmt. 1934 durfte er sogar der Einweihung einer Bronzestatue beiwohnen, die ihm zu Ehren errichtet wurde. Erst im darauffolgenden Jahr wurde Hachikō tot aufgefunden – nachdem er fast zehn Jahre lang jeden Tag auf dem Bahnhofsvorplatz gewartet hatte.

Die Geschichten von Rover und Hachikō zeigen deutlich, wie treu Hunde sind. Trotzdem kommt es immer wieder vor, dass ein Vierbeiner ausbüxt oder »verloren geht«. Zum Beispiel, weil bei der Landpartie plötzlich ein Reh auftaucht.

Haut ein Hund ab, kehrt er in der Regel aber nach einiger Zeit an den Ort zurück, von dem aus er gestartet ist. Für den Hundehalter bedeutet das, dass er an Ort und Stelle warten sollte. Ein gutes Buch und eine gehörige Portion Geduld helfen dabei. Ein Mobiltelefon übrigens auch. Für den Fall, dass der Vierbeiner nach Hause laufen sollte, bitten Sie nämlich am besten einen Nachbarn, die Augen offen zu halten. Und um Ärger zu vermeiden, den zuständigen Jäger. Der hinterlässt übrigens einfach ein Kleidungsstück, wenn sein eigener Hund mal durchstartet. So findet dieser anhand der eigenen Spur erst mal zum Ausgangsort zurück und kann von dort aus die Witterung seines Menschen aufnehmen. ✖

Dort WARTEN, wo
der Hund abgehauen ist.
Meistens kommt er
dorthin zurück

NACHBARN
informieren, falls er
nach Hause gelaufen ist

POLIZEI und
HAUSTIERREGISTER
informieren

Örtliches
TIERHEIM
informieren

TASTSINN: Über das Fell nimmt der Hund am ganzen Körper Berührungen wahr, besonders ausgeprägt am Kopf, am Hals und an den Pfoten.

AUGEN: Hunde können Farbe nicht so gut wahrnehmen wie Menschen. Dafür können sie Bewegung besser verarbeiten.

OHREN: Ihr Spektrum reicht so weit in den Ultraschallbereich, dass sie im wahrsten Sinne des Wortes Flöhe husten hören.

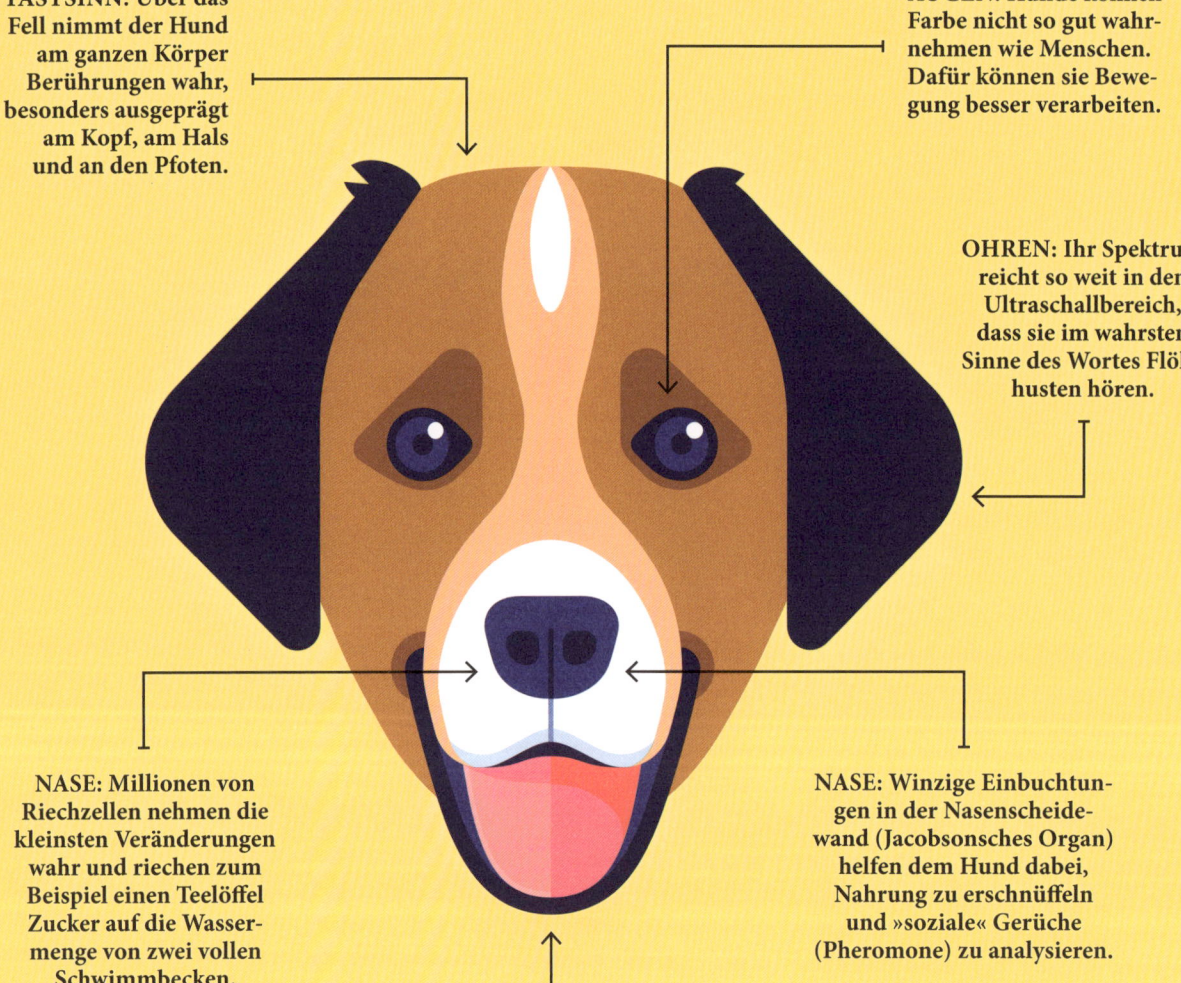

NASE: Millionen von Riechzellen nehmen die kleinsten Veränderungen wahr und riechen zum Beispiel einen Teelöffel Zucker auf die Wassermenge von zwei vollen Schwimmbecken.

NASE: Winzige Einbuchtungen in der Nasenscheidewand (Jacobsonsches Organ) helfen dem Hund dabei, Nahrung zu erschnüffeln und »soziale« Gerüche (Pheromone) zu analysieren.

GESCHMACKSSINN: Im Vergleich zum Mensch verfügt der Hund nur etwa über ein Sechstel an Geschmacksknospen. Kein Wunder, dass sie Dinge aufnehmen, bei denen uns übel wird.

MIT ALLEN SINNEN

Hunde haben zwar dieselben Sinne wie wir, sie setzen aber ganz andere Prioritäten. Insbesondere ihre Nase ist ein echtes Wunder! Weil ihre Nasenschleimhaut etwa 30-mal größer ist als unsere, können sie Dinge riechen, von deren Existenz wir nicht einmal etwas ahnen. Sie nehmen minimale chemische Veränderungen in unserem Körper wahr und können so zum Beispiel anzeigen– sofern sie darauf trainiert wurden – , dass wir in den nächsten Stunden einen epileptischen Anfall erleiden werden. Rettungshunde finden Vermisste noch nach Tagen, allein anhand der Hautpartikel, die sie verlieren. ✖

DOGS WITH JOBS

Schon seit Jahrhunderten schätzen Menschen die Fähigkeiten von Hunden, und lernten, sie für sich zu nutzen.

Jeder Hundefreund weiß, dass es Jagd-, Hüte- und Wachhunde gibt, die bis heute zuverlässig ihre Arbeit verrichten. Aber haben Sie zum Beispiel schon mal von Metzgerhunden gehört? Dabei hatte früher fast jeder Fleischhauer so einen treuen Mitarbeiter auf vier Pfoten, der darauf aufpasste, dass ihm nichts passierte. Die meiste Zeit lagen die Metzgerhunde entspannt in der Gegend herum – außer ein Bulle oder eine Kuh wollten sich ihrem Schicksal widersetzen. Dann eilten sie ihrem Herrchen zuhilfe und beschützten ihn gegen das wildgewordene Vieh. Ach ja: Die Wagen voller Würste oder Fleischabfälle zogen die Metzgerhunde oft auch noch. Pferde waren damals schließlich teuer.

Doch nicht nur Schlachter hatten treue Helfer. Friedrich Louis Dobermann aus Apolda etwa war bei vielen seiner Zeitgenossen recht unbeliebt. Mit ein Grund: Als Justizbeamter gehörte es zu seinen Aufgaben, bei säumigen Schuldnern Steuern einzutreiben. Da ihm seine Kundschaft nicht immer wohlgesonnen war, ließ er sich gern von einem großen Hund beschützen. Er kreuzte Pinscher, Weimaraner, Rottweiler, Schäferhund und noch ein paar andere und legte so den Grundstein für eine neue Schutzhundrasse: den Dobermann.

Wenn es darum geht, einen Job zu verrichten, kommen Hunde weit herum. Zum Beispiel bis nach Südafrika, wo besonders ausgebildete Hunde Rangern dabei helfen, Nashörner vor Wilderern zu schützen. Manche kommen sogar bis ins Weltall – der bekannteste tierische Kosmonaut ist vermutlich die Mischlingshündin Laika. Ihr tragischer Tod während eines Raumflugs machte 1957 weltweit Schlagzeilen. Heute ziert ihr Gesicht nicht nur Briefmarken und Schokoladentafeln, sie wurde gemeinsam mit ihren menschlichen Kollegen auch auf dem Monument zum Gedenken verstorbener Kosmonauten am Moskauer Institut für Luftfahrt und Weltraummedizin verewigt.

Bis ins Weltall hat es eine andere Laika nicht geschafft. Dafür aber arbeitet sie in einer Einrichtung für traumatisierte Kinder. Laika ist nämlich ausgebildete Therapiehündin und hilft den kleinen Patienten dabei, Mut zu fassen und Worte zu finden. Die Golden-Retriever-Hündin weiß genau, was zu tun ist: Mal hält sie Abstand, mal kuschelt sie und mal dient ihr dichtes Fell dazu, sich daran festzuhalten. Psychologen haben die heilende Wirkung von Tieren schon lange erkannt, und daher findet man Hunde wie Laika heute in Altenheimen genauso wie in Kindergärten, Schulen und Lebenshilfeeinrichtungen. Egal, ob als Assistenz-, Therapie-, Jagd- oder Metzgerhund – unsere vierbeinigen Freunde erleichtern einfach unser Leben. ✖

Der JAGDHUND hilft dem Jäger beim Aufspüren, Verfolgen und Stellen des Wildes.

Früher döste der METZGERHUND im Schlachtraum und beschützte seinen Besitzer, wenn das Vieh sich wehrhaft zeigte.

Der HÜTEHUND läuft am Wiesenrand auf und ab und verhindert, dass die Schafe abhauen.

Der KOPPEL-GEBRAUCHSHUND hilft dem Schäfer beim Treiben und Einpferchen von Schafen.

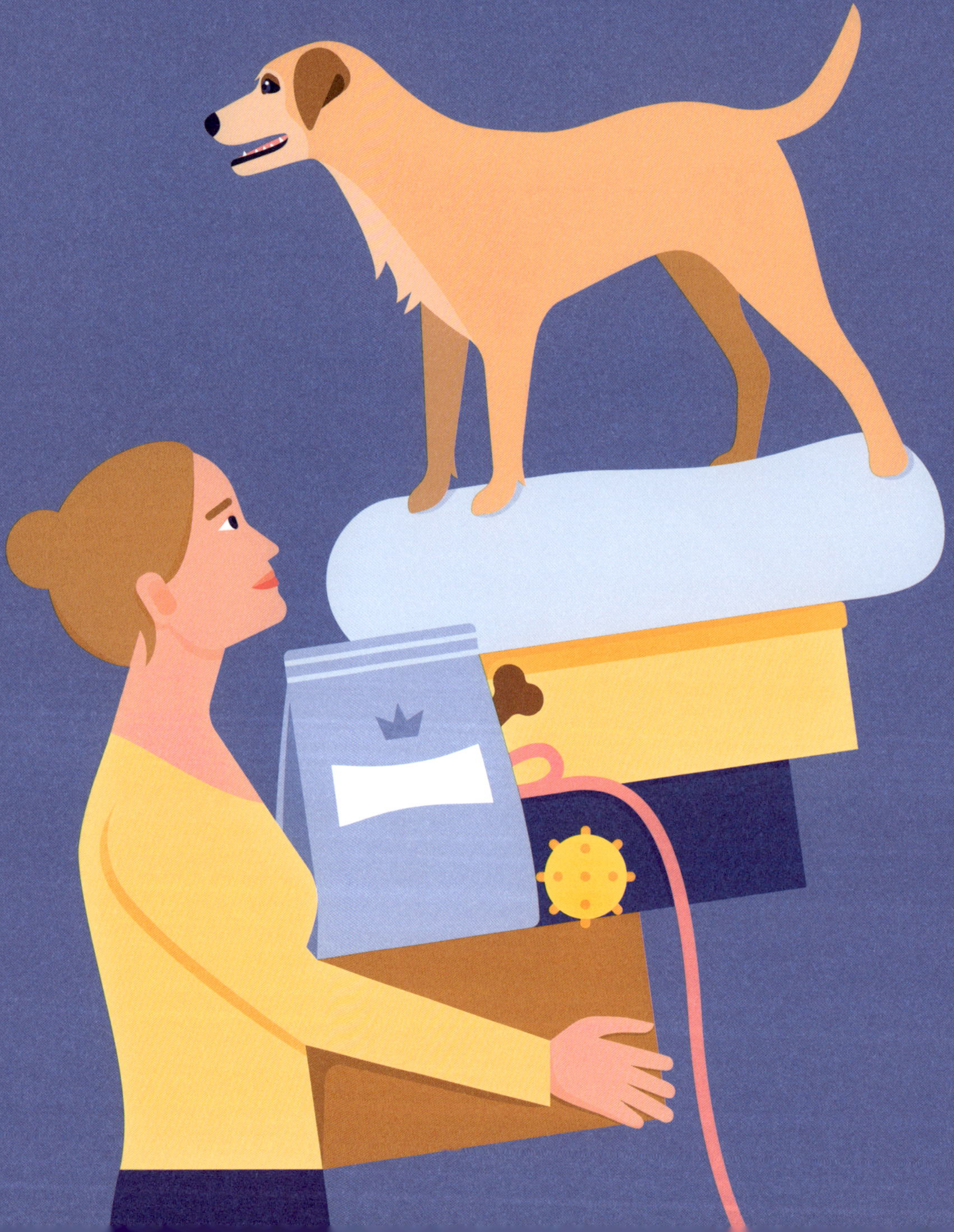

EIN HUND ZIEHT EIN

Es gibt viele Gründe, sich einen Hund anzuschaffen. Der eine möchte gern öfter an die frische Luft kommen, der andere begeistert sich für den Hundesport oder schwelgt in Kindheitserinnerungen und wünscht sich, dass die eigenen Kinder auch mit einem Vierbeiner aufwachsen können. Egal, was Sie dazu bewogen hat, Ihr Leben in Zukunft mit einem Hund zu teilen: Herzlichen Glückwunsch, auf Sie warten ein großes Abenteuer, viele unerwartete Erlebnisse und lustige Anekdoten! Momente des Lachens, der Wut und der Trauer. Und auf jeden Fall erwartet Sie ein ganz besonderes Lebewesen, das Sie hoffentlich viele Jahre begleiten wird. ✖

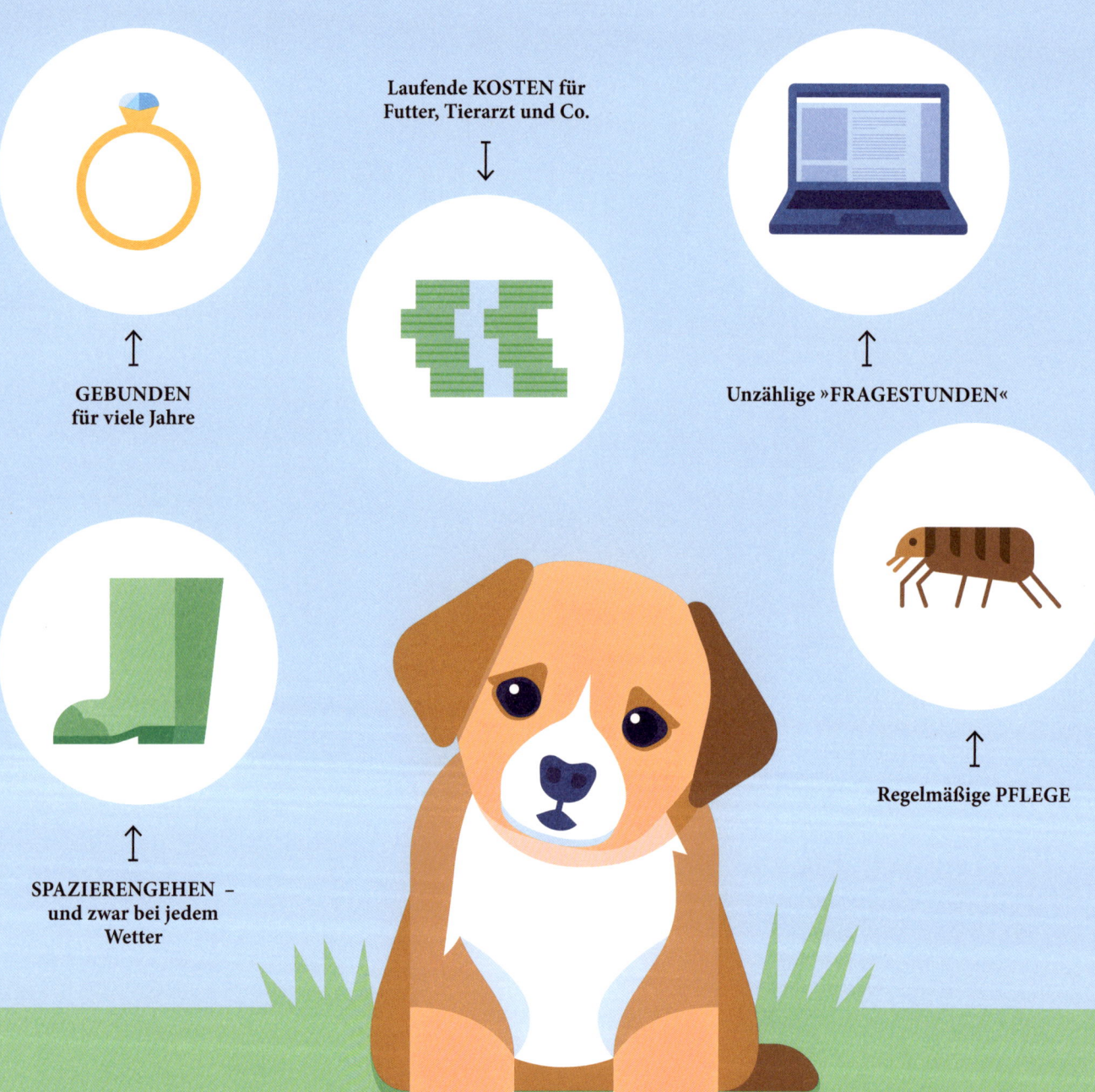

GEBUNDEN
für viele Jahre

Laufende KOSTEN für
Futter, Tierarzt und Co.

Unzählige »FRAGESTUNDEN«

SPAZIERENGEHEN –
und zwar bei jedem
Wetter

Regelmäßige PFLEGE

ALLERBESTE VORAUSSETZUNGEN

Es ist so schnell passiert: Gerade eben schlummerte der Wunsch nach einem eigenen Hund noch tief in einem, und plötzlich ist man schon verliebt. Wer kann auch einem unglaublich niedlichen Welpen oder einem traurig dreinblickenden Hundegesicht widerstehen?

Woran liegt es nur, dass wir so oft im Handumdrehen unser Herz verlieren? Ganz einfach: Hunde entsprechen sehr häufig dem sogenannten Kindchenschema und lösen deshalb automatisch Schutzinstinkte in uns aus. 2014 untersuchten Forscher in Boston die Gehirnaktivitäten von Müttern, während sie Bilder von Kindern und Hunden betrachteten. Und siehe da: Handelte es sich bei dem Vierbeiner um den ihren, ähnelte die Gehirnaktivität frappierend derjenigen beim Betrachten des eigenen Nachwuchses.

Eins sollten Sie aber nicht vergessen, auch wenn Ihr Hund Ihnen gerade liebevoll das Gesicht ableckt (und dabei ganz nebenbei sieben Millionen Bakterien überträgt): Liebe macht manchmal blind. Hunde stinken, haben Flöhe und sind laut. Lange leben tun sie bestenfalls auch. Vergessen Sie nie, dass Ihr neuer bester Freund Sie vermutlich die nächsten 12 bis 15 Jahre begleiten wird – das ist länger, als so manche zwischenmenschliche Beziehung andauert. Wie hieß es doch bei der Hamburger Band Tomte? »Endlich einmal etwas, das länger als vier Jahre hält«.

Ein Hund möchte gern bewegt werden. Das ist eine tolle Sache, wenn Sie an einem lauen Sommerabend gemeinsam durch den Stadtpark spazieren. Nicht mehr ganz so toll ist es, bei Schneeregen und Temperaturen um den Gefrierpunkt durch die Dunkelheit zu stolpern. Und wenn Sie tags darauf erkältet im Bett liegen, will der Hund trotzdem raus. Vor allem aber, und das vergessen viele, kann ein Hund ganz schön ins Geld gehen. Neben Hundesteuer, Versicherungsprämien und Futter brauchen Sie wetterfeste Multifunktionskleidung in gewöhnungsbedürftigen Farben und wasserdichte Stiefel. Nicht zu vergessen: die regelmäßigen Tierarztkosten.

Hundehalter trifft man vorwiegend auf Hundewiesen, in der Hundeschule – und ganz besonders viele trifft man im Internet. Spätestens dort wird der Hund zum Vollzeitjob. Hatten Sie bis vor Kurzem noch Zeit, abends ein gutes Buch zu lesen oder ein neues Rezept auszuprobieren, verbringen Sie Ihre Mußestunden nun mit dem Austausch von Erziehungstipps, Ernährungsempfehlungen und der Diskussion über Für und Wider von Halsband und Geschirr.

Auch wenn es im Überschwang der Gefühle gerade schwerfällt: Überlegen Sie sich gut, ob Sie die Zeit, das Geld und die Nerven aufbringen, Hundehalter zu sein. Weniger wegen des Hundes. Sondern mehr wegen sich. ✖

DAS KLEIN-GEDRUCKTE

Was die Haltung von Hunden angeht, gab es schon im 17. Jahrhundert Vorschriften. In erster Linie sollten sie verhindern, dass die Hunde des gemeinen Volkes jagen gingen. Die Jagd war schließlich dem Adel vorbehalten. Wurde der Hund eines Bauern oder Arbeiters beim Wildern erwischt, erwartete seinen Besitzer daher eine empfindliche Strafe. Natürlich gibt es auch heute noch jede Menge Paragrafen rund um den Hund. Der wichtigste für Hundefreunde ist die »Tierhalterhaftpflicht«. Sie regelt, dass der Besitzer für den Schaden aufkommen muss, den sein Hund verursacht. ✖

GESETZE: In vielen Bundesländern gibt es Rasselisten. Steht Ihr Wunschhund auf einer solchen, brauchen Sie eine Genehmigung, ehe der Vierbeiner einzieht.

VERSICHERUNGEN: Auch wenn eine Haftpflichtversicherung nicht in allen Bundesländern Pflicht ist, sinnvoll ist sie in jedem Fall.

REGISTRIERUNG: Wenn der Vierbeiner mal verloren geht, hilft eine Registrierung bei TASSO und Co., damit er möglichst schnell wieder nach Hause findet.

Beim WELPEN kann man die
Entwicklung und Erziehung
von Anfang an begleiten.

Der ERWACHSENE HUND
kann dafür schon alleine bleiben,
er ist stubenrein und hat das
kleine Hunde-Einmaleins bereits
gelernt – alles Dinge, die
man dem Welpen erst
beibringen muss.

WELPE ODER ERWACHSENER HUND?

Auch wenn ein Welpe außerordentlich putzig ist und selbst gestandene Männerherzen zu brechen vermag, bedeutet so ein Fellknäuel erst mal vor allem eins: jede Menge Arbeit.

Zieht ein junges Hündchen ein, muss es so einiges lernen. Das Erste: stubenrein werden. Außerdem: Dass man vernünftig an der Leine läuft, auch mal einige Zeit allein bleiben kann, keine Möbel ankaut und keine Socken klaut. Daher stellt sich, wenn man sich alles recht überlegt, schnell die Frage, ob es nicht viel einfacher wäre, wenn anstelle eines Welpen ein erwachsener Hund einziehen würde.

Die Vorteile eines Welpen liegen auf der Hand. Nicht nur, dass sie unglaublich süß sind. Man kann so einen kleinen Fellbeutel vor allem ganz nach den eigenen Vorstellungen erziehen und hat seine Entwicklung voll im Blick.

Kurz: Wenn er später Mist baut, ist man selbst schuld, und kann sein Benehmen nicht auf die Vorbesitzer oder eine schlimme Kindheit schieben.

Ein erwachsener Hund hat das kleine Hundeeinmaleins schon hinter sich. Oder eben auch nicht. Das heißt: Im Idealfall hat man einen toll erzogenen Hund, selbst aber keine Arbeit. Doch Vorsicht! Es ist wichtig herauszufinden, warum der Hund ein neues Zuhause sucht. Ist es wirklich der Vermieter, der Ärger macht, oder sucht sein bisheriges Herrchen einen neuen Wirkungskreis für den Hund, weil er den bisherigen in Schutt und Asche zerlegt hat? Ist der Vierbeiner wirklich der »lustige Clown« oder eher nervtötend? Ist er wirklich »sehr wachsam«, oder kläfft er einfach 24 Stunden täglich die Nachbarschaft in Grund und Boden? Hier hilft nur, gut hinzuhören, kritisch nachzufragen und skeptisch zu bleiben. ✖

AUS ERSTER ODER ZWEITER HAND?

Ob es ein Rassewelpe oder ein Hund aus zweiter Hand sein soll, ist eine sehr persönliche Entscheidung. In beiden Fällen ist es aber wichtig, sich vorab ausreichend zu informieren und denjenigen Vierbeiner auszuwählen, der am besten zu einem passt.

Nachdem Dackelrüde Charles das Wohnzimmer innerhalb von fünf Monaten zweimal nach seinen sehr speziellen Vorstellungen komplett umgestaltet hatte, platzte Frauchen Denise der Kragen. Sie holte einen großen Müllsack aus der Küche und begann, Charles' Spielzeug, sein Futter, das teure Hundebett und all den anderen Kram hineinzustopfen, den sie für ihn angeschafft hatte. »Jetzt reicht's«, kochte Denise, »ich bring dich zurück ins Tierheim.« Natürlich kam es dann doch nicht so weit. Charles wäre schließlich nicht Charles, würde er nicht seinen sprichwörtlichen Dackelblick einsetzen, damit Denise ihm alles verzeiht.

Ob groß, klein, jung oder alt: In deutschen Tierheimen leben Tausende Hunde, die aus verschiedenen Gründen ein neues Zuhause suchen. Und Denise wollte einem von ihnen eine zweite Chance geben. Für ihre beste Freundin Britta stand dagegen von vornherein fest, dass es ein Welpe vom Züchter sein sollte. Sie hatte sich, als sie das erste Mal einen Australian Shepherd sah, sofort in diese Rasse verliebt. So einer sollte es sein. Und sonst keiner.

Beide Freundinnen hatten sich vorab gut informiert. Während Denise öfter im örtlichen Tierheim vorbeischaute, sich beraten ließ und mit verschiedenen Hunden spazieren ging, recherchierte Britta die Eigenschaften ihrer Lieblingsrasse und besuchte verschiedene Züchter, bevor schließlich Pepper bei ihr einzog. Seine Züchterin legte großen Wert auf die Auswahl des Zuchtrüden, kannte sich mit den rassetypischen Problemen aus und hatte alle Voruntersuchungen und Gentests gemacht. Sie nahm sich

viel Zeit für die Sozialisierung der Welpen, die im Kreise einiger älterer Hunde aufwuchsen, die als »Rentner« ihren Ruhestand genossen. Vor allem aber, und das war Britta wichtig, stand die Züchterin »ihren« Welpenkäufern mit Rat und Tat zur Seite.

In der Zwischenzeit hatte Denise Charles kennengelernt, war regelmäßig mit ihm spazieren gegangen und dabei, eine gute Beziehung zu ihm aufzubauen. Die Mitarbeiter des Tierheims hatten sie außerdem ausgiebig über seine Vorgeschichte informiert. Charles passte!

Ach so: Nachdem Aussie-Welpe Pepper Brittas Lieblingsschuhe in alle Einzelteile zerlegt hatte, platzte auch ihr mal kurz der Kragen. »Ich bring dich zurück zum Züchter«, schimpfte sie leise vor sich hin, während sie einen Müllsack suchte, in den Peppers Zubehör passen könnte. Aber Pepper wäre nicht Pepper, würde es ihm nicht gelingen, Brittas Herz mit seinem spitzbübischen Lächeln zu erweichen … ✖

PIZZA-HUNDE

Streitthema Hunde aus dem Ausland: Die einen sind der Meinung, es gäbe hierzulande genügend Tiere, die ein neues Zuhause suchen. Die anderen dagegen sind erschüttert über die erschreckenden Bilder und sind überzeugt, unbedingt helfen zu müssen.

Wie so oft liegt die Wahrheit irgendwo dazwischen. Tatsache ist, dass viele Tierschutzorganisationen Hunden aus Süd- und Osteuropa helfen möchten, bei uns ein neues Zuhause zu finden. Fakt ist aber genauso auch, dass es einige schwarze Schafe gibt, die unter dem Deckmantel des Tierschutzes das schnelle Geld wittern.

Dem Hund meiner Nachbarin kann die Diskussion derweil ziemlich egal sein. Die kleine blonde Hündin stammt aus einem griechischen Tierheim, das mit einem deutschen Tierschutzverein zusammenarbeitet. Sie wurde von einer seriösen Organisation vermittelt, Flugpaten brachten die Kleine geimpft und gechippt mit nach Deutschland, wo sie zunächst bei einer Pflegestelle und dann bei ihrer jetzigen Besitzerin einzog. Für die wäre es nie infrage gekommen, einen Hund »aus dem Kofferraum zu kaufen«. Die Beschreibung auf der Internetseite des Vereins war dagegen informativ, auf mitleidsheischende Bilder wurde verzichtet. Besonders gut gefiel der Frau, dass der Verein mit seinen Einnahmen wieder das griechische Tierheim unterstützt. Und dass es für den Fall der Fälle eine Ansprechpartnerin gab, die den Hund bei sich aufgenommen hätte, wenn aus der großen Liebe nichts geworden wäre. Da die Hündin aus Südeuropa stammt, wurde sie natürlich auch auf regionale Krankheiten hin untersucht. Beste Voraussetzungen, dass in einer Multikulti-WG alles prima klappt. ✖

Hunde aus warmen Gefilden sollten auf MITTELMEER-KRANKHEITEN hin untersucht sein.

Der Hund muss mindestens 15 WOCHEN alt sein, bevor er einreisen darf.

Kann ich den Hund auf seiner PFLEGE-STELLE besuchen?

Wie findet die ÜBERGABE statt? Einen Hund an der Autobahnraststätte zu übernehmen ist unseriös.

Hat der TIERSCHUTZ-VEREIN eine Genehmigung für die Einfuhr der Hunde?

VORSICHT WELPENHANDEL! Wenn der Verein rein-rassige Welpen anbietet, ist Vorsicht geboten.

EINS, ZWEI ODER DREI ...

Immer mehr Menschen entscheiden sich dafür, ihr Leben nicht nur mit einem, sondern gleich mit zwei, drei oder noch mehr Hunden zu teilen. Egal, wohin man sieht: Der Trend geht eindeutig zur Mehrhundehaltung. So trifft man auf den Hundewiesen ganze Galgo-Meuten, die elegant neben ihrer Besitzerin herschweben, und Brigaden von Schäferhunden, die mit ihrem Herrn ausrücken. Wenn es auch für Sie gern einer mehr sein darf: prima! Bedenken Sie nur, dass sich die lieben Kleinen alles Mögliche voneinander abgucken – zumeist den Blödsinn, den man anstellen kann. ✖

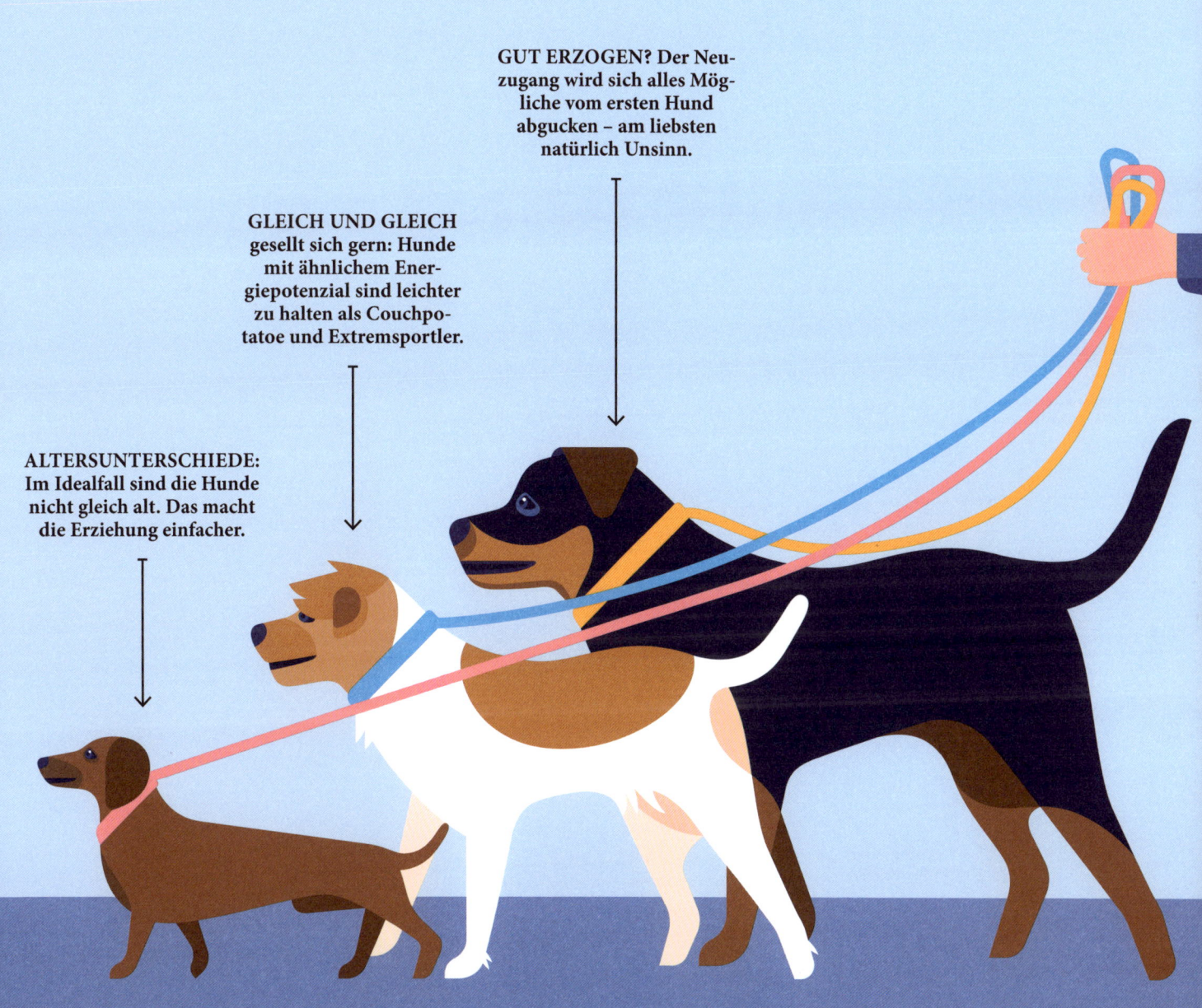

GUT ERZOGEN? Der Neuzugang wird sich alles Mögliche vom ersten Hund abgucken – am liebsten natürlich Unsinn.

GLEICH UND GLEICH gesellt sich gern: Hunde mit ähnlichem Energiepotenzial sind leichter zu halten als Couchpotatoe und Extremsportler.

ALTERSUNTERSCHIEDE: Im Idealfall sind die Hunde nicht gleich alt. Das macht die Erziehung einfacher.

HUNDE-MUST-HAVES

1680 Seiten hat der Hundezubehör-Katalog eines großen Unternehmens für Tierbedarf. In diesem Mammutwerk findet sich alles, was der Hund von Welt vermeintlich braucht – von Halsband, Geschirr und Leine über Hundebett, -sofa und -körbchen bis hin zu Spielzeug in allen Varianten. Wer's exklusiver mag, wird zum Beispiel auf der Düsseldorfer Königsallee fündig. Hier gibt es unter anderem diamantbesetzte Halsbänder für schmale 1500 Euro. Ob Hund das alles braucht? Natürlich nicht! Aber wir selbst fühlen uns oft ein bisschen besser, wenn wir uns, äh ihm, etwas Neues gönnen. ✕

MEIN NAPF

Hunde trinken aus Pfützen, aus Bächen und sogar aus Toiletten. Entsprechend täte es auch ein alter Suppentopf als Fress- oder Wassernapf. Trotzdem haben die Zoofachgeschäfte allerlei Näpfe, Tränken und Co. im Angebot. Neben diversen Designs, passsend zu jedem Wohnstil, finden sich zum Beispiel »Anti-Schling-Näpfe« für verfressene Hunde. Für große Hunde gibt es Futterstationen, deren Näpfe sich in der Höhe anpassen lassen. So müssen sich Riesen wie zum Beispiel die Deutsche Dogge nicht herunterbeugen. Speziell für Hunde, die beim Saufen gern die ganze Wohnung fluten, haben pfiffige Hersteller Näpfe mit integrierter Unterlage entwickelt. Und falls unterwegs weder Bach noch Pfütze aufzufinden sind, versorgen Reisenäpfe für den Kofferraum und Tränken mit eingebauter Wasserflasche für die Wanderung den durstigen Vierbeiner.

MEINE LEINE

Wer die Wahl hat, hat die Qual. Es gibt Flexileinen, Führleinen, Retrieverleinen und Schleppleinen. Leinen aus Leder, aus Nylon oder aus PVC-ummanteltem Polyestergewebe. Um nur mal die häufigsten zu nennen. Für den Hund selbst täte es zum Anleinen auch ein einfacher Strick. Der Hundehalter hat dennoch meist gleich mehrere Leinen für verschiedene Zwecke an der Garderobe hängen. Für welches Design Sie sich auch immer entscheiden: Ausschlaggebend ist, dass die Leine gut in der Hand liegt und nicht in die Haut einschneidet, wenn der Hund mal zieht. Achten Sie außerdem auf vernünftige Karabiner, denn schlechte Qualität bricht irgendwann einfach. Dasselbe gilt für Plastikteile, die mit der Zeit brüchig werden. Zugegeben: Gute Hundeleinen sind mitunter recht teuer. Dafür begleiten sie Sie aber auch ein Hundeleben lang.

MEIN KÖRBCHEN

Wie man sich bettet, so liegt man: Dieses Sprichwort trifft auch auf unsere Hunde zu. Und da wir alle gut nachempfinden können, wie es sich anfühlt, unbequem zu schlafen, gibt es Hundebetten in allen Variationen und Preislagen. Vom einfachen Plastikkorb bis hin zu sich ergonomisch anpassenden Matratzen gibt es nichts, was es nicht gibt. Bei der Auswahl des Nachtlagers sollte man daher in erster Linie darauf achten, dass die Schlafstätte gut passt und der Hund sich darin beziehungsweise darauf auch richtig ausstrecken kann. Erhöhungen an den Seiten unterstützen den Wohlfühlfaktor. Genauso wichtig wie das Bett selbst ist aber auch der Ort, an dem es steht. Es sollte nämlich unbedingt so platziert werden, dass es im wahrsten Sinne des Wortes als Rückzugsort dienen kann. ✖

QUIETSCH, QUIETSCH

Im Regal mit den ganzen Spielzeugen trifft man auf ein Schwein. Oder ein Huhn. Oder ein Schaf. Es sieht jedenfalls total witzig aus, und wenn man es drückt, macht es ein lustiges Geräusch. Doch spätestens wenn der Hund die erste Stunde vergnügt darauf herumgekaut hat, quälen einen Kopfschmerzen, und man fragt sich, was man sich da nur angetan hat. Es gibt ein schier unendliches Angebot an Kauseilen, Plüschtieren, Intelligenzspielzeugen und vielem mehr … Warum musste es ausgerechnet ein Quietschespielzeug sein? Na ja, witzig sieht es ja aus. Und glücklicherweise hält es nicht sehr lange. ✖

Plüsch- und Latex-
spielzeuge mit
»SQUEEKER«,
die einen in den
Wahnsinn treiben

INTELLIGENZ-
SPIELZEUGE
fürs Gehirn

DUMMYS für
das Apportieren

Der MENSCH
als bester Spielpartner

KAUSEILE
für Zerrspiele

MMH, DAS SCHMECKT!

Es ist schon erstaunlich. 30 000 Jahre haben sich Hunde irgendwie ernährt, haben von Lebensmittelresten und Schlachtabfällen gelebt oder Kaninchen, Rehe oder Mäuse gejagt. Und heute? Setzt die Futtermittelindustrie jedes Jahr Milliardenbeträge um! Für Lebewesen, die ohne mit der Wimper zu zucken, einen gammligen, toten Fisch verschlingen. Kaum ein Thema wird in Hundehalterkreisen so kontrovers diskutiert wie die Fütterung. Und mancher Vierbeiner wird derweil von denselben Problemen geplagt wie sein Besitzer: Studien zufolge ist etwa die Hälfte aller Hunde übergewichtig. ✖

TROCKENFUTTER

Trockenfutter ist vor allem eins: praktisch. Das Füttern geht schnell und unkompliziert, man macht sich nicht schmutzig, und das Futter selbst enthält in der Regel alle notwendigen Nährstoffe. Natürlich gibt es unzählige verschiedene Geschmacksrichtungen, sogar für bestimmte Hunderassen gibt es eigene Sorten. Dazu kommen spezielle Produkte für dicke, dünne, alte, junge, große, kleine, gesunde und kranke Hunde. Es gibt Hersteller, die für 15 Kilo Futter gut und gerne 80 Euro und mehr verlangen, und Discounter, bei denen dieselbe Menge nicht einmal 10 Euro kostet. Nicht immer ist der Preisunterschied gerechtfertigt. Allerdings sollten Sie vor dem Kauf unbedingt einen Blick auf die Zusammensetzung des Futters werfen. Insbesondere Protein- und Fettgehalt sowie der Anteil an pflanzlichen Inhaltsstoffen sind wichtig. Außerdem ist es gut zu wissen, dass die Empfehlungen zur Futtermenge auf der Packung gern etwas zu großzügig ist.

NASSFUTTER

Nassfutter wird zumeist in Dosen oder Schalen verkauft, in denen das Fleisch wie eine kleine Pastete wirkt. Diese Form der Fütterung gibt dem Menschen das gute Gefühl, seinen Hund zu verwöhnen. Kein Wunder, vielen Dosen entströmt beim Öffnen ein appetitlicher Duft. Auch die Verpackung verspricht ein Genießermenü vom Feinsten. Tatsächlich aber werden in den Konserven vor allem solche fleischlichen Anteile verarbeitet, die wir selbst lieber nicht serviert bekommen möchten. Unsere Vierbeiner wiederum lieben Nassfutter und verschlingen es in kürzester Zeit. Gerade, wenn der Hund etwas größer ist, wird diese Art der Fütterung daher schnell unpraktisch – und vor allem teuer. Da der Wassergehalt so hoch ist, verdrückt nämlich beispielsweise ein durchschnittlicher Labrador gut und gern mal vier Dosen, ehe er satt ist.

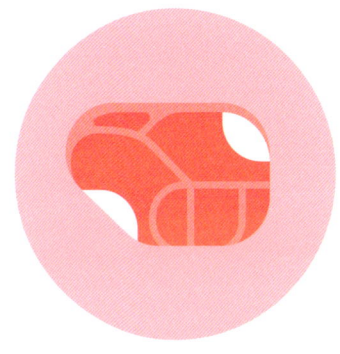

BARF

Diese vier Buchstaben stehen für biologisch artgerechte Rohfütterung und gelten als die Königsdisziplin in Sachen Hundefutter. Hunde lieben BARF und je nachdem, wo man wohnt, kann man seinen Vierbeiner damit sehr günstig sattbekommen. Mittlerweile gibt es eine Reihe von Schlachthöfen, die Hunde als Kunden entdeckt haben und Pansen, Kopffleisch und Co. direkt ab Werk verkaufen. Daneben gibt es jede Menge Onlineshops und BARF-Läden, auch der Zoofachhandel hat den Bedarf entdeckt und bietet die entsprechenden Zutaten abgepackt und tiefgefroren an. Mit Fleisch und ein bisschen Gemüse ist es jedoch nicht getan: Die Grundbedürfnisse unserer Hunde sind komplex, und man muss aufpassen, dass keine Mangelerscheinungen auftreten. Wer auf Nummer sicher gehen möchte, für den gibt es auch Fertigpakete, die man wie Dosenfutter gibt. ✖

In der Regel wetzen die Krallen bei Bewegung ab. Wenn nicht, braucht es eine ZANGE für die Pediküre.

ZAHNBÜRSTEN für Hunde sind weicher als die für Menschen, die ZAHNPASTA ist weniger scharf.

Der FLOHKAMM eignet sich, um unerwünschte Untermieter zu entdecken.

Die SCHERE gilt als Notlösung für verfilztes Fell.

Für die Fellpflege gibt es unterschiedliche BÜRSTEN – je nach Fellbeschaffenheit.

Ein KAMM entfernt Knötchen und abgestorbene Unterwolle.

STYLE DOG

Hunde machen nicht nur Freude und sind auch nicht nur einfach niedlich. Dafür sind sie in der Regel außerordentlich pflegeleicht.

Gut, es gibt einige Rassen, wie zum Beispiel Pudel oder West Highlandterrier, die in regelmäßigen Abständen einen Friseur brauchen. Genauso sind langhaarige Hunde, was die Fellpflege angeht, prinzipiell etwas anspruchsvoller als ihre kurzhaarigen Artgenossen. Dennoch reicht es auch bei ihnen völlig aus, sie regelmäßig zu bürsten. Und wenn man sie von Anfang an daran gewöhnt hat, genießen sie die Prozedur auch in vollen Zügen. Quasi als extra Kuscheleinheit.

Was Hunden dagegen gar nicht guttut, sind ständige Bäder mit Shampoos oder Seifen. Die trocknen die Haut nämlich sehr schnell aus, sodass sie zu jucken und schuppen beginnt.

Gerade bei schlappohrigen Hunden sollte man dafür hin und wieder mal in die Ohren schauen, weil sich dort gern Schmutz ansammelt, der den Hund ziemlich nervt und außerdem auch nicht gesund ist. Genau wie beim Menschen gilt dabei aber: Finger weg von Wattestäbchen! Ein feuchtes Tuch reicht im Normalfall aus, um das Innenohr zu reinigen.

Was die Pediküre angeht, halten die meisten unserer Hunde ihre Krallen praktischerweise selbst kurz, wenn sie auf Bürgersteigen oder Schotterwegen unterwegs sind. Sollten die Krallen doch einmal etwas länger werden, hilft eine spezielle Schere. Weil die Krallen durchblutet sind, dürfen Sie aber nicht zu viel abschneiden, sonst tut es weh. Lassen Sie es sich am besten einmal vom Tierarzt zeigen. Den passenden Nagellack zum Schluss dürfen Sie dann gern weglassen. ✖

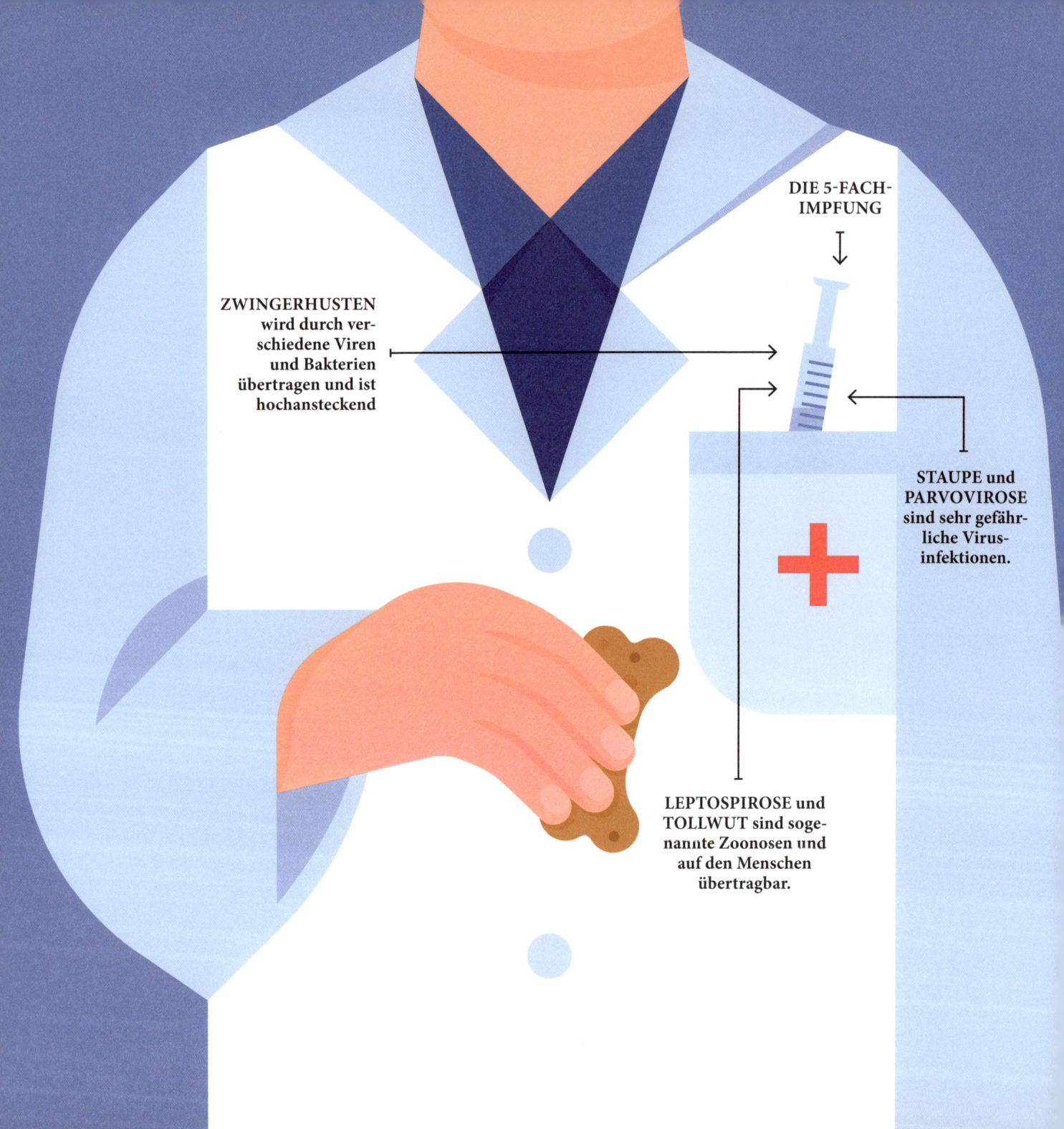

DIE 5-FACH-IMPFUNG

ZWINGERHUSTEN wird durch verschiedene Viren und Bakterien übertragen und ist hochansteckend

STAUPE und PARVOVIROSE sind sehr gefährliche Virusinfektionen.

LEPTOSPIROSE und TOLLWUT sind sogenannte Zoonosen und auf den Menschen übertragbar.

BLEIB GESUND!

Unmittelbar nach seiner Geburt ist der Welpe gegen verschiedene Krankheiten immun. Dieser natürliche »Impfschutz« lässt jedoch bereits nach einigen Wochen wieder nach. Dann ist es Zeit, beim Tierarzt vorbeizuschauen, um den Kleinen impfen zu lassen. Und es wird nicht bei diesem einen Besuch bleiben.

In der Tierarztpraxis sollte immer die gute Laune im Vordergrund stehen. Es kann daher durchaus sinnvoll sein, erst einmal einfach beim Veterinär Ihres Vertrauens vorbeizufahren, damit der Welpe ein bisschen Praxisluft schnuppert. Ein Leckerli macht den Besuch noch schöner, sodass der Vierbeiner in Zukunft sicher gern wiederkommt.

Die ersten beiden Impfungen nennt man Grundimmunisierung. Spritze Nummer eins ist mit der achten Lebenswoche fällig, mit der zwölften Woche wird dann noch einmal nachgeimpft. Zu diesem Zeitpunkt erfolgt auch die Tollwutimpfung.

Es gibt zwar Menschen, die die Impfungen skeptisch sehen. Man darf jedoch nicht vergessen, dass auch heute noch viele Welpen schwer erkranken und häufig sogar sterben, wenn sie nicht über den entsprechenden Impfschutz verfügen. Eine Impfpflicht besteht hierzulande zwar nicht. Aber spätestens, wenn Sie mit Ihrem Vierbeiner Urlaub im Ausland machen wollen, kommen Sie ums Impfen nicht herum.

Weil Hunde es lieben, alles Mögliche aufzunehmen und zu fressen, sollten Sie Ihren vierbeinigen Mitbewohner zudem regelmäßig entwurmen. Alternativ können Sie auch immer wieder Kotproben sammeln und auf Würmer überprüfen lassen. In diesem Fall müssen Sie nur tätig werden, wenn es Anlass dazu gibt. ✖

Dass der Mensch sich freut, wenn sein Tier gesund ist, weiß man aus der Werbung. Aber woran erkennt man, ob es dem Freund gut geht und wann man hellhörig werden sollte?

Für gewöhnlich heißt es ja, dass ein gesunder Hund glänzendes Fell und eine feuchte Nase hätte. Aber Ihr Vierbeiner ist nicht zwangsläufig krank, wenn seine Nase zwischendurch einmal trocken ist oder das Fell schuppt. Nur wenn dieser Umstand andauert, sollten Sie dem auf die Spur gehen.

Genau wie wir Menschen haben auch Hunde gute und schlechte Tage. Zeigt Ihr Vierbeiner plötzlich eine deutlich eingeschränkte Aktivität und will er sich nicht so recht bewegen, kann das ein Anzeichen dafür sein, dass er irgendwelche Schmerzen hat. Wenn er stark hechelt und seine Augen glasig sind, hat er möglicherweise Fieber.

Und mag der Hund nicht mehr fressen, kann das ebenfalls ein Hinweis darauf sein, dass etwas nicht stimmt. Dass er dagegen Dinge hervorwürgt, ist nicht ungewöhnlich. Nur falls sich Ihr vierbeiniger Partner mehrfach erbricht, sollten Sie das überprüfen lassen. Möglicherweise hat er einen Fremdkörper verschluckt, den er auf natürlichem Weg nicht loswird. Vielleicht hat er auch Magenprobleme.

Im Notfall hilft Ihnen auch zu später Stunde oder am Wochenende der Notdienst oder eine Tierklinik weiter. Es empfiehlt sich jedoch, dort die Notfallnummer anzuwählen, bevor man startet. Sonst steht man womöglich vor verschlossenen Türen. Schildern Sie am Telefon die Symptome, und nennen Sie auch Rasse und Alter Ihres Hundes. So können die Mitarbeiter der Praxis schon alles Nötige vorbereiten, während Sie auf dem Weg sind. ✖

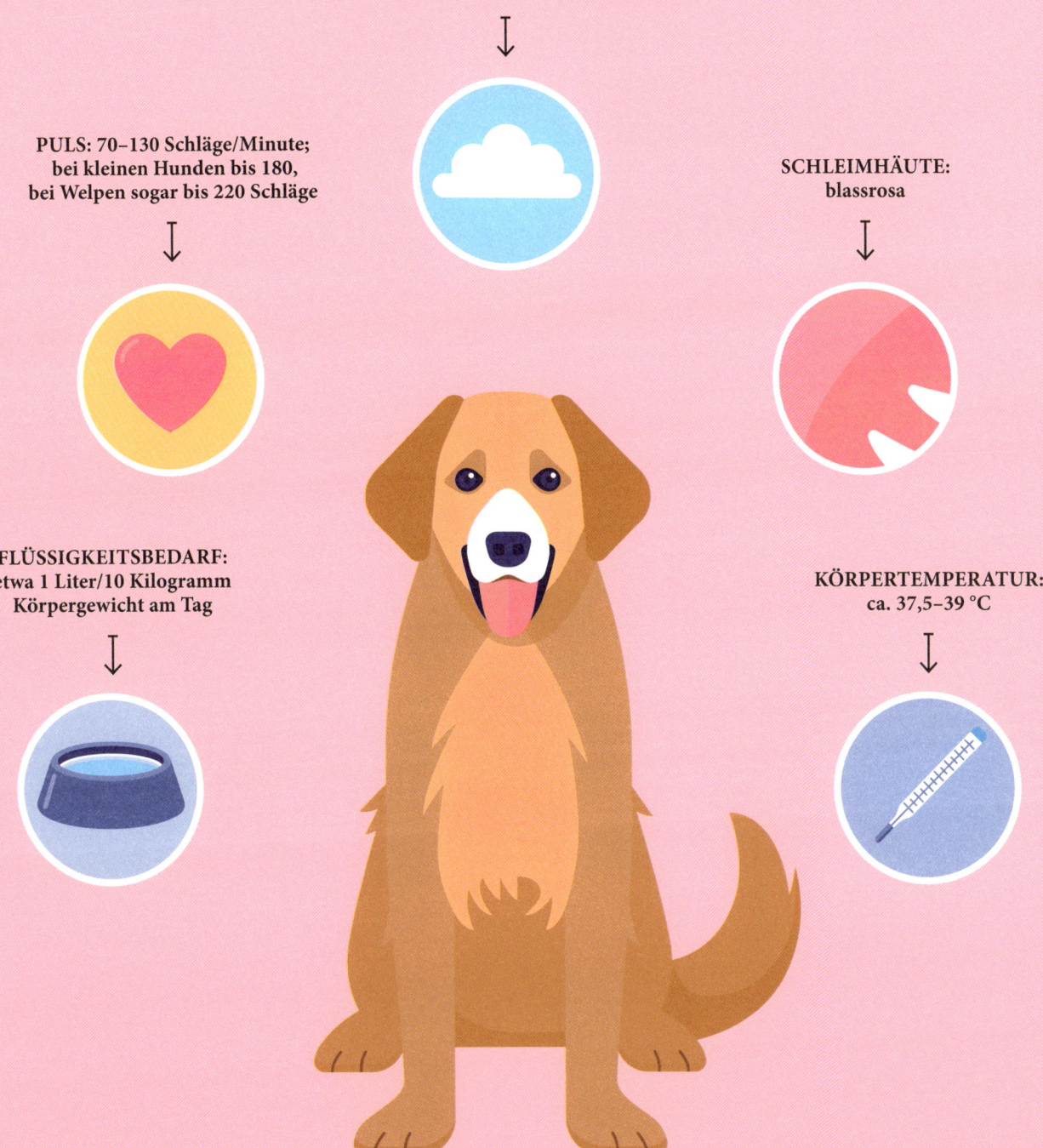

ATEMFREQUENZ: 10–30 Atemzüge/Minute

PULS: 70–130 Schläge/Minute;
bei kleinen Hunden bis 180,
bei Welpen sogar bis 220 Schläge

SCHLEIMHÄUTE:
blassrosa

FLÜSSIGKEITSBEDARF:
etwa 1 Liter/10 Kilogramm
Körpergewicht am Tag

KÖRPERTEMPERATUR:
ca. 37,5–39 °C

TYPISCH HUND

Es ist doch immer wieder erstaunlich, wie intelligent und einfühlsam unsere Hunde agieren – das gilt für die schönen Seiten des Zusammenlebens genauso, wie wenn sie uns wieder einmal an der Nase herumgeführt haben. Natürlich kann man sich in diesen Momenten ärgern. Man kann sich aber auch einfach an den Ideen und der immensen Kreativität dieser großartigen Tiere erfreuen. ✖

HALLO WELT!

Nur einmal Junge haben! Wie viele Hundehalter sind angetan von dem Gedanken, dass ihre Hündin einmal im Leben Welpen haben könnte? Und wenn dann nach 63 Tagen Trächtigkeit tatsächlich eine Handvoll kleine Hunde das Licht der Welt erblickt, sind sie erst einmal im siebten Himmel. Es ist ja auch wirklich faszinierend zu beobachten, wie sich Welpen entwickeln – von hilflosen Winzlingen zu wilden Rabauken, die einem das Gefühl geben, einen Sack Flöhe zu hüten. Bei der Gelegenheit kann man dann gleich mal überprüfen, ob die Wohnung wirklich welpenfest ist. ✖

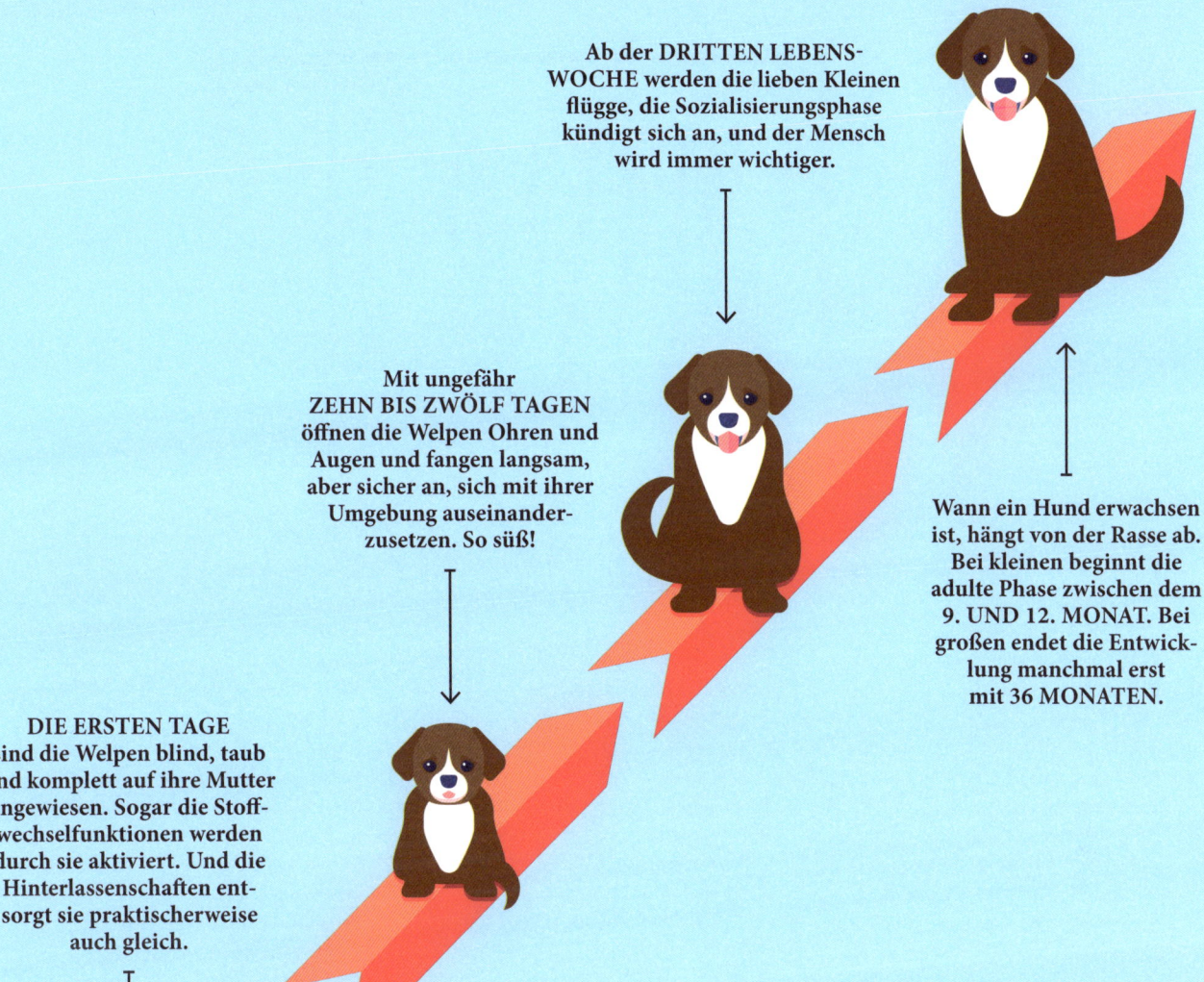

Ab der DRITTEN LEBENS-
WOCHE werden die lieben Kleinen
flügge, die Sozialisierungsphase
kündigt sich an, und der Mensch
wird immer wichtiger.

Mit ungefähr
ZEHN BIS ZWÖLF TAGEN
öffnen die Welpen Ohren und
Augen und fangen langsam,
aber sicher an, sich mit ihrer
Umgebung auseinander-
zusetzen. So süß!

Wann ein Hund erwachsen
ist, hängt von der Rasse ab.
Bei kleinen beginnt die
adulte Phase zwischen dem
9. UND 12. MONAT. Bei
großen endet die Entwick-
lung manchmal erst
mit 36 MONATEN.

DIE ERSTEN TAGE
sind die Welpen blind, taub
und komplett auf ihre Mutter
angewiesen. Sogar die Stoff-
wechselfunktionen werden
durch sie aktiviert. Und die
Hinterlassenschaften ent-
sorgt sie praktischerweise
auch gleich.

DAS PRÄGT FÜRS LEBEN

In wenigen Wochen reift der Welpe vom Baby zum »Kleinkind«. Die Hundemutter ist zwar immer noch wichtig, aber mehr und mehr wird der Mensch zum Begleiter und Mentor.

Seit den 1960er-Jahren ist man sich zwar einig, dass die sogenannte Sozialisierungsphase beim Hund bereits mit der vierten Lebenswoche beginnt. Wie lange sie aber genau andauert, darin stimmen die Experten weitaus weniger überein. Die einen meinen bis zur 12. Woche, die anderen bis zur 16. Aber mal ehrlich: Jeder Jeck ist doch anders! Und genau deshalb ist vermutlich der eine Welpe auch ein bisschen schneller dabei, während der andere etwas länger braucht. Eins steht jedoch fest: Die Zeit dazwischen ist für die Entwicklung und das spätere Leben des Hundes immens wichtig. Während der Sozialisierungsphase ist der junge Hund nämlich nicht nur besonders empfänglich für Neues. Was er

erlebt und lernt, wird auch ganz besonders fest im Gehirn gespeichert. Früher ging man sogar davon aus, dass Welpen Erfahrungen, die sie in diesen Wochen machen, nie wieder vergessen würden. Man nannte den Lebensabschnitt deshalb auch Prägephase.

Verantwortungsvolle Menschen wissen das natürlich – und sorgen dementsprechend dafür, dass die Welpen möglichst viel von der Welt kennenlernen können. Verschiedene Untergründe, querbeet im Garten verteilt, stellen zum Beispiel sicher, dass die Kleinen später auf der Wiese genauso trittsicher unterwegs sind wie auf einem Feldweg oder auf dem Bürgersteig.

Nette Hunde aus dem Freundeskreis bringen Abwechslung in den Alltag. Kontakt zu Artgenossen ist aber auch deshalb wichtig, weil die Jungspunde nur so den Umgang mit Ihresgleichen lernen können.

Apropos Alltag: All die Dinge, die das Leben eines waschechten Familienhundes ausmachen, dür-

fen gerne erprobt werden. Mal kommt Besuch, mal läuft der Geschirrspüler, hier fahren Autos, da Fahrräder … Und dort lebt eine Katze, Vorsicht, dass man nicht von ihren Krallen erwischt wird.

Es gibt so vieles, was der junge Hund kennenlernen, ausprobieren und erobern will. Trotzdem sollte man es bei all der Frühförderung nicht übertreiben. Pausen sind genauso wichtig wie Abenteuer. Das Welpengehirn muss die ganzen Eindrücke schließlich auch irgendwann einmal verarbeiten.

Turbulent wird es trotzdem. Schaut man daher knapp acht Wochen nach der Geburt wieder bei dem ehemals so auf Nachwuchs erpichten Hundehaltern vorbei (Sie wissen schon, der von Seite 58), ist er nicht selten leicht ergraut und hat einige Fältchen mehr im Gesicht. Und auf die vorsichtige Frage, ob man denn gern noch einen Wurf hätte, lächelt er müde und sagt erschöpft: »Ich brauche jetzt erst mal Urlaub.« ✖

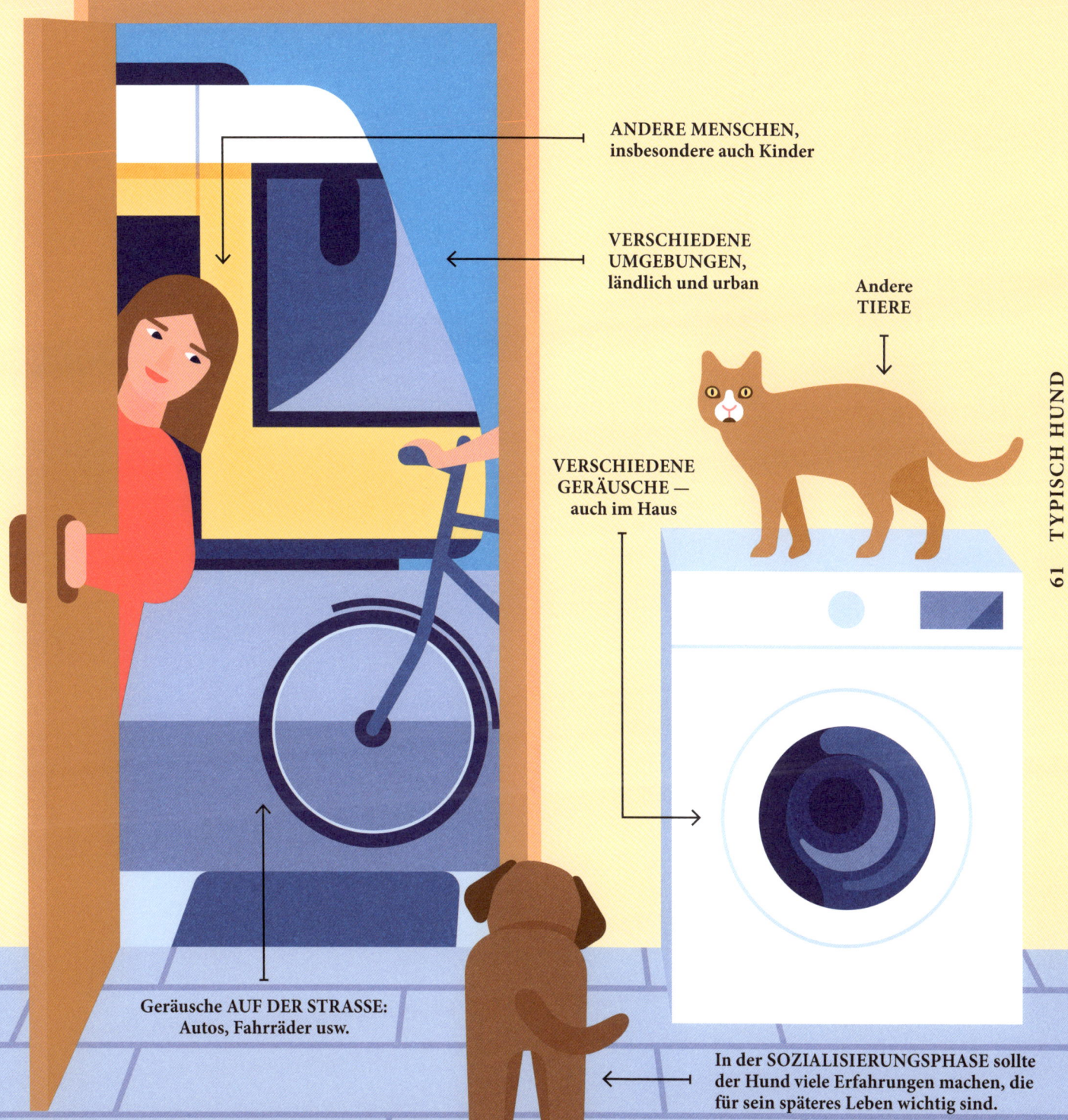

ANDERE MENSCHEN,
insbesondere auch Kinder

VERSCHIEDENE
UMGEBUNGEN,
ländlich und urban

Andere
TIERE

VERSCHIEDENE
GERÄUSCHE —
auch im Haus

Geräusche AUF DER STRASSE:
Autos, Fahrräder usw.

In der SOZIALISIERUNGSPHASE sollte
der Hund viele Erfahrungen machen, die
für sein späteres Leben wichtig sind.

Der Hund zeigt vermehrt
ERKUNDUNGSVERHALTEN
und kommt beispielsweise nicht
mehr zuverlässig zurück, wenn
man ihn ruft.

Was bisher toll war,
ist jetzt uninteressant.
Er hinterfragt uns und
TESTET SEINE GRENZEN.

Er verhält sich – insbesondere
gleichgeschlechtlichen –
Artgenossen gegenüber
AGGRESSIVER als vorher.

BAUSTELLE IM KOPF

Rein äußerlich betrachtet scheint ein acht Monate alter Hund vielleicht erwachsen. Doch das Auge kann irren.

Als ich Anke kennenlernte, war sie verliebt. Daran bestand kein Zweifel. Sie hatte sich einen jungen Hund zugelegt. Und das winzige Fellbündel zog sie voll und ganz in ihren Bann.

Ungefähr ein halbes Jahr später, das Fellbündel war mittlerweile gut acht Monate alt und hörte (mehr oder weniger) auf den Namen Fips, trafen wir uns wieder. Anke erzählte mir von den ersten Monaten, in denen Fips ihr auf Schritt und Tritt überallhin gefolgt war, und davon, was sie ihm alles beigebracht hatte. Sie schwärmte davon, wie traumhaft das Zusammenleben war. Bis vor ein paar Wochen.

Es fing damit an, dass Klein-Fips das Bein zum Pinkeln hob. Und auch in anderen Situationen schien er sein Frauchen plötzlich infrage zu stellen. Kam er früher freudig angelaufen, wenn sie ihn rief, so lässt er sich jetzt auffällig viel Zeit, bevor er irgendwann gaaanz gemächlich angetrottet kommt.

Fachleute bezeichnen diese Veränderung als Reifung. Oder einfacher: Fips ist in der Pubertät. Er wird zwar keine Türen zuschmeißen und Anke nicht anmotzen. Aber ähnlich wie unsere Kinder durchleben auch Hunde auf dem Weg zum Erwachsensein hormonelle Veränderungen. Und genau wie bei unseren Kindern kann das ganz schön nerven. Fips sucht seinen Platz auf der Welt, testet aus, wie weit er gehen kann, und ob das, was gestern noch galt, heute immer noch Bestand hat. Für sein Frauchen bedeutet das, locker und am Ball zu bleiben. Diese Phase geht vorbei – und sie dauert beim Hund zum Glück nicht annähernd so lange wie beim Menschen. ✖

GANZ DER PAPA

Kennen Sie das? Sie lernen jemanden kennen, der Sie fasziniert – und nach einiger Zeit stellen Sie verdutzt fest, dass Sie bereits ein paar seiner Eigenarten übernommen haben. Eine bestimmte Geste zum Beispiel oder eine Redensart. Herzlichen Glückwunsch, Sie haben sozial gelernt!

Soziales Lernen bedeutet nichts anderes als Lernen durch Beobachtung und Imitation. Wenn wir also sagen: »Das habe ich von meiner Mutter« (respektive meinem Vater), heißt das, wir haben ein bestimmtes Verhaltensmuster unserer Eltern nachgeahmt und uns somit selbst zu eigen gemacht.

Auch Hunde lernen auf diese Art und Weise. Deshalb ist es durchaus ratsam, sich die lustigen kleinen Eigenheiten der Mutterhündin zu vergegenwärtigen. Denn Hand aufs Herz: Wer ist für Kinder ein größeres Vorbild als Mama? Wenn die Hündin einen zur Begrüßung also derart stürmisch anspringt, dass man beinahe umfällt, gucken sich die Kleinen das in Null komma nichts ab – frei nach dem Motto: »Wenn ich irgendwann groß bin, will ich das auch mal genauso machen«.

Um sozial lernen zu können, müssen allerdings einige Voraussetzungen erfüllt sein. Zunächst einmal braucht es natürlich ein Vorbild, dem es nachzueifern gilt. Dazu muss das Vorbild erstens mit seinem Verhalten Erfolg haben und zweitens ernst zu nehmen sein. Ist beides der Fall, lernen Hunde genau wie Menschen, sich Verhalten abzugucken und nachzuahmen. Der sprichwörtlich schlechte Umgang hat also tatsächlich seine Daseinsberechtigung. Und es ist genauso ungünstig, wenn Ihr Hund einem jagenden und streunenden Artgenossen nacheifert, wie wenn Ihre Tochter oder Ihr Sohn den frechen Lümmel von nebenan toll findet. Spottet derweil jemand in Ihrem Bekanntenkreis, Ihr Hund und Sie würden sich immer ähnlicher werden, fassen Sie es als Kompliment auf. Wie gesagt: Man muss schon ein tolles Vorbild sein, um imitiert zu werden.

Dass Hunde durch Beobachtung lernen, sieht man auch in anderen Bereichen. Zum Beispiel daran, dass sie immer häufiger zu grinsen scheinen. Wissenschaftler sind der Meinung, unsere Vierbeiner hätten irgendwann festgestellt, dass Zähnezeigen bei Menschen etwas Freundliches ist. Und so haben sie uns erst nachgeahmt und das Verhalten dann, weil wir uns darüber wie die Schneekönige gefreut haben, an ihre Nachkommen vererbt.

Auch Assistenzhunden bringt man neue Fähigkeiten mittels »Do as I do« bei. Sie lernen bestimmte Handlungen nachzuahmen und schließlich auf Kommando auszuführen. Haben sie das Prinzip erst einmal verinnerlicht, öffnen sie ihrem Besitzer die Tür, bringen ihm den Schlüssel, helfen ihm beim Anziehen und erleichtern ihm so den Alltag. Fast so wie eine Mama. ✖

Durch die
DOMESTIKATION
wurde der Hund auf
das soziale Lernen
vom Menschen
vorbereitet.

Dadurch haben Hunde
die Fähigkeit zur
INTERAKTION mit
dem Menschen.

Setzt sich der Hund irgendwann tatsächlich auf seine
vier Buchstaben, bekommt er
eine BELOHNUNG und hat
wieder was gelernt.

TRIAL AND ERROR

Auch in der Hundewelt ist noch kein Meister vom Himmel gefallen. Man könnte es aber auch anders formulieren: Übung macht den Meister.

Können Sie sich noch erinnern, wie es war, Fahrradfahren zu lernen? Fußball oder Klavier zu spielen? Anfangs wollte es nicht so recht klappen. Man fiel hin, traf den Ball nicht oder den falschen Ton. Doch irgendwann, da klappte es plötzlich. Man sauste die Straße hinunter, lieferte sich im Park spannende Matches mit den Freunden und begeisterte Oma mit »Für Elise«. Den Weg dorthin nennt man Lernen durch Versuch und Irrtum.

Diese Form des Lernens ist auch für Hunde elementar. Seine Beißhemmung erlernt der Welpe paradoxerweise, indem er beißt. Schon in der Wurfkiste wird sich im Spiel kräftig ausprobiert – anfangs oft so kräftig, dass Ärger mit der Mutter oder den Geschwistern nicht ausbleibt. Beim nächsten Mal geht das Fellknäuel deshalb schon etwas vorsichtiger zu Werke, und siehe da: kein Gemecker, das Spiel geht weiter. Durch Versuch und Irrtum lernen Hunde im Weiteren, dass man nicht durch Fenster laufen kann, besser keine Weidezäune anpinkelt und Nachbars Katze lieber aus dem Weg geht. Aber auch, wie man Schränke öffnet, sich seinen Platz auf dem Sofa sichert und welchen Dackelblick man aufsetzen muss, um das Herz seines Menschen zu erweichen.

Soll der Hund dann irgendwann »Sitz!« machen, probiert er ebenfalls alles Mögliche aus, um an das Leckerli zu kommen: Hypnose, süß gucken, witzig werden … Setzt er sich irgendwann tatsächlich auf seine vier Buchstaben und bekommt die Belohnung, hat er wieder was gelernt. Feiner Hund. ✖

VORSICHT, SPIELENDER HUND

Kaum etwas lässt das Herz eines Hundefreundes höher hüpfen, als seinem Hund beim ausgelassenen Spiel zuzusehen. Da wird gehopst, gerannt und gerauft, dass es eine wahre Wonne ist. Spiel macht aber nicht nur Spaß und ist Zeichen von Wohlgefühl. Beim Spielen lernen die Vierbeiner auch, wichtige Verhaltensweisen zu verfeinern und auszuprobieren. Nicht zuletzt lässt sich durch ein zünftiges Rennspiel vermeiden, dass es Ärger gibt, weil man sein Gegenüber etwas aufdringlicher begrüßt hat als gewöhnlich. Auch so gesehen ist er ganz schön praktisch, dieser Spieltrieb. ✖

SOLITÄRSPIEL

Wenn der Hund mal wieder seine »dollen fünf Minuten« hat, wie wild durch den Garten rast, sich wälzt, buddelt und mit sich und der Welt absolut im Reinen zu sein scheint, nennt man das Solitärspiel. Der Vierbeiner beschäftigt sich mit sich selbst, freut sich über den Luxus, den lieben Gott einfach mal einen guten Mann sein zu lassen und genießt sichtlich das Leben. Gerne wird dazu ein Stöckchen, ein Stein oder ein Spielzeug genutzt, das man stolz wie Oskar durch die Gegend trägt, bevor man ihm hinterherjagt, es hochwirft oder genüsslich darauf herumkaut. Solitärspiel ist keinesfalls ein Zeichen von Einsamkeit oder sogar Langeweile mangels Artgenossen. Auch wir Menschen beschäftigen uns ganz gerne einfach mal nur mit uns. Deshalb lässt sich auch in Hundegruppen beobachten, wie der eine oder andere sich einfach mal selbst bespaßt – obwohl genug Sozialpartner zur Verfügung stünden.

SOZIALSPIEL

Wie der Name schon vermuten lässt, handelt es sich hierbei um ein Spiel mit Artgenossen oder dem Menschen. Der Biologe Erik Zimen hat einmal zusammengefasst, welche Voraussetzungen für Spiel im Allgemeinen und Sozialspiel im Speziellen erfüllt sein müssen: Zunächst braucht es ein entspanntes Umfeld. Logisch! Ebenso logisch ist, dass die sogenannte Endhandlung fehlen muss. Sonst wäre ein Jagdspiel Jagen und ein Raufspiel eine handfeste Prügelei. Außerdem wechseln Hunde im Spiel die Rollen, weshalb mal Rex Luna und dann Luna Rex jagt. Vom Sich-Jagen wechseln beide dann in ein Raufspiel, um kurz danach wieder wie wild herumzusausen. Es ist ein wunderbares Hin und Her, geprägt von Bewegungslust und Wohlgefühl. Würde Rex die ganze Zeit nur Luna jagen, wäre es dagegen angebracht, ihr zu Hilfe zu eilen.

OBJEKTSPIEL

Immer dann, wenn ein Kauseil, ein Stöckchen oder ein Buddelloch ins Spiel kommen, spricht man von Objektspiel. Das Besondere: Es kann sowohl Bestandteil des Solitärspiels sein, also wenn der Hund sich allein spielerisch mit einem Gegenstand auseinandersetzt, als auch im Sozialspiel zum Einsatz kommen, indem zum Beispiel liebevoll daran gezerrt wird. Wichtig ist, dass das Objekt – egal ob Stöckchen, Tau oder Ball – nicht zu Streit führt, sondern dass es beiden Hunden gleichermaßen unwichtig ist und sie auch gut darauf verzichten könnten. Manche Hunde sind nämlich so vernarrt in ihr Spielzeug, dass sie auf der Stelle fuchsteufelswild werden, sollte ein anderer dessen habhaft werden wollen. Bei solchen Kandidaten ist es hilfreich, das Spielzeug erst mal noch in der Tasche zu lassen, um unnötigen Streit zu vermeiden. ✖

**DEFENSIVES
DROHVERHALTEN**

**Alle Verhaltensweisen – von
Angriff bis Flucht – gehören bei
Hunden zum völlig normalen
VERHALTENSREPERTOIRE.**

**OFFENSIVES
AGGRESSIVES
VERHALTEN**

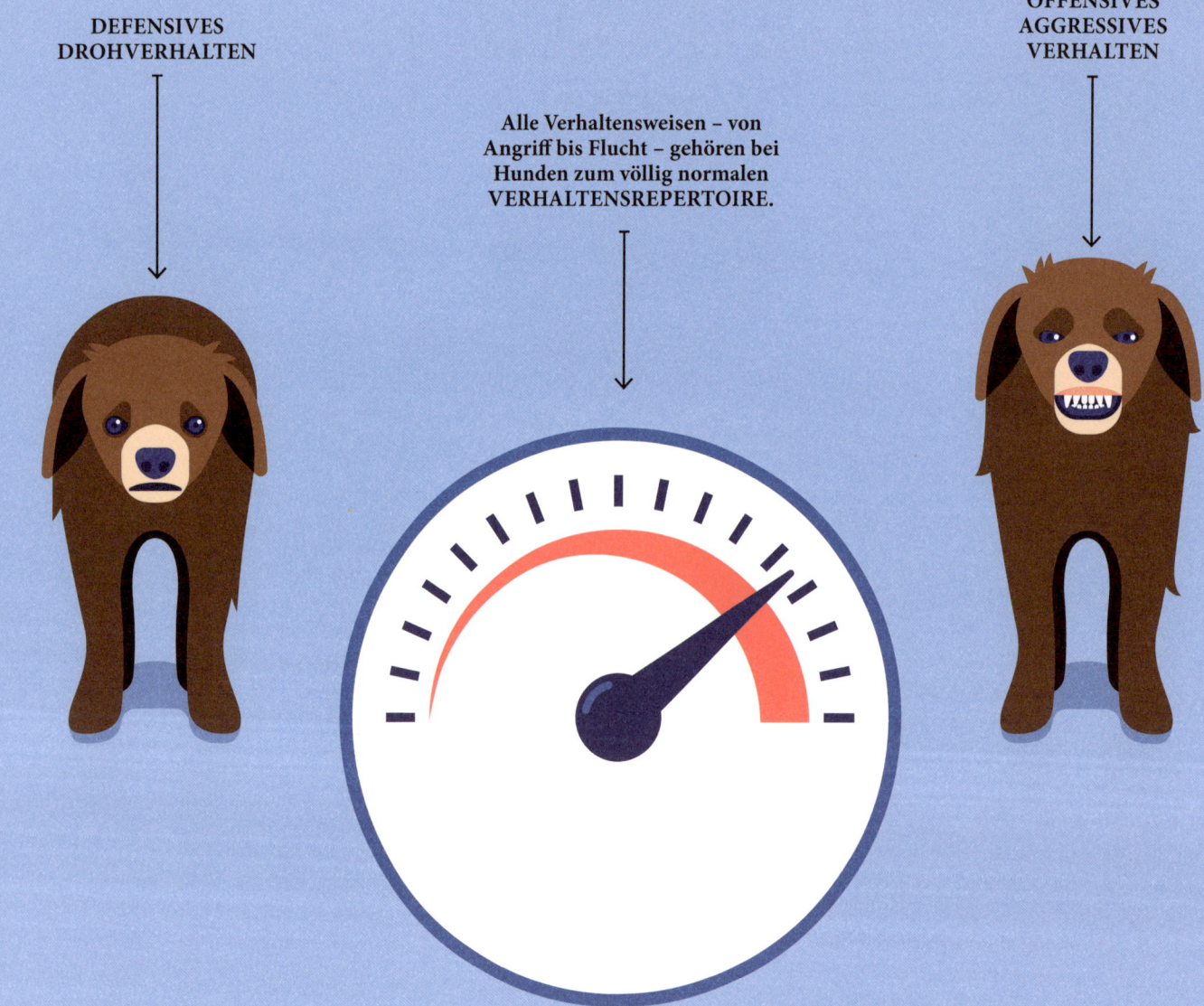

ALLES GANZ NORMAL

»Ein Hund, der knurrt, ist nicht aggressiv. Er kommuniziert.« Diese weisen Worte der Biologin Dorit Feddersen-Petersen treffen es wunderbar auf den Punkt. Trotzdem gibt es kaum etwas, das uns mehr Sorge bereitet, als wenn unser Hund uns anknurrt.

Aggressionsverhalten beim Hund ist völlig normal – genauso übrigens wie bei uns Menschen. Jeder, der schon einmal zehn Minuten vor einem wichtigen Termin im Stau stand, versteht, was ich meine.

Aggression beschreibt im Grunde nichts anderes als die Absicht, Ressourcen, Status und Territorium sowie den Selbsterhalt zu sichern beziehungsweise zu erobern, sagen Fachleute. Und Aggressivität, also die Bereitschaft zur Aggression, ist tief in uns verwurzelt. Die Frage ist, wann wir aggressiv werden – und wie. Bleiben wir mal beim morgendlichen Stau vor besagtem wichtigen Termin: Wenn Sie inmitten der Blechkarawane wütend würden, wüst vor sich hin schimpften und auf das Lenkrad einprügelten, wäre das in Ordnung. Würden Sie dagegen aus dem Auto steigen und Ihrem Nebenmann eine Beule ins Auto treten, wäre dies nicht mehr adäquat. Ein anderes Beispiel: Wenn Sie sich angesichts irgendeiner Bedrohung wehren, ist das in Ordnung. Wenn Sie jedoch denjenigen, der Sie bedroht, krankenhausreif schlagen, ist das nicht mehr Okay.

Alle Verhaltensweisen – von Angriff bis Flucht – nennt man Agonistik, und die gehört bei Hunden zum völlig normalen Verhaltensrepertoire. Das Wann und das Wie wiederum sind Ergebnis dessen, was ein Vierbeiner geerbt und vor allem, was er gelernt hat. Außerdem spielt natürlich auch das aktuelle Befinden eine Rolle. Kennt man ja: Wenn man Kopfschmerzen hat, verliert man schneller die Geduld, als wenn man sich frisch wie der junge Morgen fühlt. Im Idealfall hat ein Hund schon früh gelernt, gelassen mit ungewohnten Situationen umzugehen und den Worten seines Herrchens zu vertrauen – nämlich, dass es keinen Grund gibt sich aufzuregen.

Hat er nicht gelernt, mit großen Männern in schwarzen Mänteln und Hut auf dem Kopf umzugehen, wird er Onkel Heinrich bedrohen, wenn er zum Kaffee kommt. Er wird ihn dann anknurren und damit zu verstehen geben, dass Heinrich – Tierliebe hin oder her – sich ihm lieber nicht nähern sollte. Im Prinzip ist das außerordentlich nett von dem Hund. Immerhin will ja keiner einen Streit vom Zaun brechen. Und durch das Knurren versucht er, den Konflikt zu vermeiden. Onkel Heinrich, ein kluger Mann, hält sich an den Rat und lässt ihn erst einmal in Ruhe. Später können sich beide ja immer noch näher kennenlernen, und der Hund kann sich an den schwarzen Mantel und den Hut gewöhnen. Wer weiß: Vielleicht werden beide doch noch dicke Kumpels. ✖

KLEINES KÖRPER-EINMALEINS

Der größte Unterschied zwischen Hunden und uns Menschen ist, dass wir nahezu den ganzen Tag reden, während Hunde eher über ihren Körper kommunizieren. Die Inuit zum Beispiel haben viele, viele Worte für Schnee, während Hunde vielleicht nur kurz »Wuff« machen und sich dann ausgiebig in Selbigem wälzen.

Hunde sind aber nicht nur Meister der nonverbalen Kommunikation. Sie sind auch in der Lage, unsere Körpersprache zu lesen wie ein offenes Buch. Meine Nachbarin Andrea zum Beispiel war neulich ziemlich sauer. Fünfmal schon hatte sie nach Balou gerufen, und irgendwann kam ihr Rüde tatsächlich mal aus dem Wald zurück. Er lief jedoch sehr langsam, die Ohren nach hinten gelegt, leicht geduckt und stockte immer wieder. Andrea versuchte derweil mit glockenheller Stimme, ihren Hund weiter zu motivieren. Aber so richtig kommen wollte der nicht. Kein Wunder, ihre Körpersprache teilte Balou unmissverständlich mit, dass sie gerade ziemlich übel gelaunt war. Da stand sie, ganz gerade und frontal zum Hund, mit durchgedrückten Gelenken und alles andere als entspannt, den Blick direkt auf ihn gerichtet. Wäre Andrea ein Hund, würde sie offensiv drohen. Einen selbstbewussten Hund erkennt man an seinem aufrechten Gang. Er trägt die Rute oben, die Ohren auf-, den Blick nach vorne gerichtet. Und wenn er sauer ist, so wie Andrea, dann drückt er die Ellbogengelenke durch, läuft etwas steif und fixiert sein Gegenüber ganz genau. Spricht er eine Drohung aus, runzelt er den Nasenrücken und zeigt die vorderen Zähne. Andrea runzelte zwar nicht die Nase, ihre Aussage war für Balou dennoch eindeutig.

Entsprechend defensiv reagierte der Hund. Er machte sich klein, legte die Ohren an und traute sich nicht, sein Frauchen anzublicken. Genauso würde er einem selbstbewussten Gegenüber begegnen. Bloß nicht direkt anschauen, lieber mal klein machen, und die Rute passt gerade prima unter den Bauch. Die Ohren nach hinten und falls Ärger in der Luft liegt, besser mal alle Zähne zeigen. Wer weiß, wozu es gut ist. Grob zusammengefasst vermittelt der offensive Hund über seinen Körper: »Geh aus dem Weg!«, während der defensive Hund fleht: »Komm mir bitte nicht zu nah.«

Natürlich gibt es wie in allen Bereichen des (Hunde-)Lebens nicht nur schwarz und weiß. Meistens stellen sich Hunde zwar eher offensiv oder tendenziell defensiv dar. Schließlich ist alles im Fluss, Situationen können sich aber schnell ändern, und darauf kann der Hund von Welt sich genauso schnell anpassen. So war es auch bei Andrea und Balou. Natürlich hat sie gemerkt, wie sie gerade auf ihren Hund wirkte. Also hat sie ihre Körpersprache geändert, den Blick rausgenommen und sich etwas zur Seite gedreht. Und tatsächlich: Jetzt konnte Balou freudig kommen. ✖

ÄNGSTLICHER
HUND

OFFENSIVER
HUND

NEUTRALER
HUND

Rute

Ellbogen

Blick

Körperhaltung

Maul/
Lefzen

Ohren

VOM BRUMMEN, KNURREN UND BELLEN

Schon der große Kurt Tucholsky wusste Bescheid: »Der eigene Hund macht keinen Lärm, er bellt nur.« Dabei können Hunde nicht nur bellen, sondern eine Vielzahl an unterschiedlichen Lauten von sich geben – angefangen bei den Unmutsäußerungen im Welpenalter, die so lustige Namen tragen wie Quärren und Murren, über die verschiedenen Formen des Knurrens und Fauchens, bis hin zum eigentlichen Bellen. Das ist übrigens so vielfältig, dass selbst wir unterscheiden können, ob dem Hund gerade etwas fehlt oder ob er aus Langeweile meckert. Sagen jedenfalls Forscher an der Universität in Budapest. ✖

KNURREN:
»Lass mich in Ruhe,
sonst gibt es Ärger!«

HEULEN:
Am liebsten im Chor.
Sirene oder Kirch-
glocken sind aber
auch willkommen.

BELLEN:
»Da ist was,
da ist was!«

In eine BEZIEHUNG treten
wir mit jedem, mit dem
wir interagieren. Das kann
unser Postbote oder der
Finanzbeamte sein.

Erst, wenn Gefühle im
Spiel sind, spricht man
von BINDUNG.

LIEBST DU MICH?

Katrin ist am Boden zerstört. Irgendwer hatte ihr gesagt, ihr Hund hätte keine Bindung zu ihr. Ganz schön gemein. Und vor allem ganz schön falsch. Der Begriff »Bindung« beschrieb ursprünglich mal die besondere Beziehung zwischen Mutter und Kind. Heute bezeichnet er viel mehr: die emotionale Beziehung zu Freunden, Partnern – und Hunden. Hört ein Hund nicht, wird das oft mit mangelnder Bindung erklärt. Aber dann hätte ein Mann, der seiner Frau nicht richtig zuhört, weil er gerade Fußball schaut, genauso ein Bindungsproblem wie ein Kind, das draußen spielt und noch nicht nach Hause will. ✖

CHARMANTE STRATEGEN

Hat er Angst? Freut er sich? Oder hat er ein schlechtes Gewissen? Kaum ein Verhalten löst bei Hundefreunden so viel Verwirrung aus wie das demütige. Submissionsverhalten, so wird die hündische Unterwürfigkeit im Fachjargon genannt, ist ein »Überbleibsel« der sogenannten infantilen Verhaltensweisen – jener Dinge also, die ein Welpe tut, im Zuge seiner Entwicklung aber irgendwann einstellt. Das Demutsverhalten jedoch wechselt ins Sozialverhalten über und wird im Umgang mit Artgenossen und Menschen auch später »charmant« eingesetzt, um etwas zu erreichen oder Ärger zu vermeiden. ✖

MAULWINKELSTÖSSE

Wildlebende Hunde und Wölfe bereiten, indem sie ihr Fressen wieder hervorwürgen, eine Art Babybrei zu, den ihr Nachwuchs besser fressen kann. Will der Welpe, dass die Mutter Futter »rausrückt«, stupst er mit seiner Nase gegen ihre Lefzen. Weil die meisten Welpen heutzutage spezielles Aufzuchtfutter bekommen, lässt sich dieses Verhalten bei unseren Haushunden nur noch selten beobachten. Trotzdem zeigen sie das Verhalten später sowohl gegenüber ihren Artgenossen als auch gegenüber uns Menschen – zumeist mit dem Ziel, mehr Aufmerksamkeit zu bekommen, zum Spiel aufzufordern oder um an den tollen Kauknochen zu gelangen, den ein Anderer gerade für sich beansprucht. Was also nett aussieht, dient häufig als Taktik, sich einen Vorteil zu verschaffen. Dementsprechend reagieren viele Hunde unwirsch auf diese Art der Kontaktaufnahme.

PFÖTELN

Möchte der Welpe die »Milchbar« seiner Mutter in Gang bringen, schubst er mit der Pfote gegen ihre Zitzen. Das ist der sogenannte Milchtritt. Im Laufe seiner Entwicklung zeigt der junge Hund dieses Verhalten auch in anderen Situationen, etwa wenn es darum geht, ein Buddelloch oder einen bequemen Schlafplatz zu erobern oder einen Artgenossen zum Spiel aufzufordern – dann wird Pföteln oft mit der sogenannten Vorderkörpertiefstellung verbunden (Vorderläufe auf dem Boden, Hintern in die Höh). Genau wie das Maulwinkelstoßen kann dieses Verhalten den anderen Hund allerdings ganz schön nerven. Tipp: Möchte man seinem Hund »High Five« beibringen, kann man sich das Pföteln zunutze machen, indem man diese Form der Annäherung einfach mit Futter belohnt.

BAUCH DARBIETEN

Ganz junge Welpen können ihren Stoffwechsel noch nicht selbstständig in Gang bringen. Deswegen leckt die Mutter ihnen nach den Ruhephasen den Bauch und hilft ihnen so, sich zu lösen. Wenn die Welpen älter werden, benötigen sie beim Verrichten des Geschäfts keine Hilfe mehr. Stattdessen hält das Bauchdarbieten Einzug ins Sozialverhalten. Meist wird es durch einen souveränen Artgenossen ausgelöst, dem man sich vorsichtshalber vor die Füße wirft, damit er einen begutachten kann. Auch vor Menschen legen sich viele Hunde auf den Rücken – fast immer wollen sie dann gestreichelt werden. Maulwinkelstoßen und Bauchdarbieten finden übrigens häufig im Wechsel statt. Wurde man vom Gegenüber ausgiebig beschnuppert, kann man ja mal schauen, was sich in seinen Lefzen so versteckt. ✖

GÄHNEN und SCHÜTTELN
dienen dem Abbau von Stress
und der Beruhigung.

STRECKEN
dient der
Entspannung

Das ABWENDEN
DES BLICKS gilt dem
Gegenüber und kann
helfen, Konflikte zu
vermeiden.

Sich über die
NASE LECKEN kann
darauf hindeuten, dass der
Hund unschlüssig ist.

KEEP
CALM
AND
CARRY
ON

CALMING SIGNALS

Angriff ist die beste Verteidigung? Von wegen! Ein schlauer Hund entschärft kritische Situationen, indem er sein Gegenüber erst mal besänftigt, und so Zeit zum Überlegen hat.

Stephan ist sich sicher: Das, was sein Labrador Karli da eben zeigt, ist eine klare Beschwichtigungsgeste. Warum sonst sollte der Rüde sonst so ausgiebig gähnen. Doch was hat Stephan falsch gemacht, dass sein Hund ihm dermaßen deutlich signalisieren muss, dass er gerade gehörig unter Stress steht?

Die sogenannten Calming Signals beim Hund wurden hierzulande durch das gleichnamige Buch der norwegischen Hundetrainerin Turid Rugaas bekannt und beschreiben verschiedene Verhaltensweisen, die Hunde immer wieder in Konfliktsituationen zeigen – zum Beispiel Gähnen, Sich-Schütteln und Sich-über-die-Nase-Lecken. Kein Wunder, dass einige Hundebesitzer verunsichert sind, wenn ihr Hund solche Dinge tut. Schließlich will niemand seinen Vierbeiner in die Verlegenheit bringen, beschwichtigen zu müssen. Auch Stephan nicht.

Kennen Sie diese Kaffeebecher mit dem Aufdruck »Keep Calm and Carry on«? Sie sollen denjenigen, der aus ihnen trinkt, motivieren: »Bleib locker! Lass dich nicht aus der Ruhe bringen!« Genauso verhält es sich auch mit den Calming Signals: Sie dienen dem Hund in schwierigen Situationen dazu, sich zu beruhigen, mal kurz abzuschalten und innezuhalten. So wie Karli, der gerade nicht so genau weiß, was Stephan von ihm will. Das Gähnen ist sozusagen eine kurze Auszeit, um sich neu zu sortieren. Es könnte natürlich auch sein, dass Karli gerade erst aufgewacht ist. Oder dass er gerade gefressen hat und sich über die Nase leckt. ✖

JETZT WIRD GELERNT

Zugegeben, mit einem Hamster oder einem Goldfisch wäre das Leben vermutlich leichter. Aber auch einen Hund zu erziehen und zu beschäftigen, ist nicht so kompliziert, wie viele Menschen denken. Und der Aufwand lohnt sich! Denn es gibt nichts Schöneres, als gemeinsam mit einem gut erzogenen und artgerecht ausgelasteten Hund durchs Leben zu gehen – durch dick und dünn. ✖

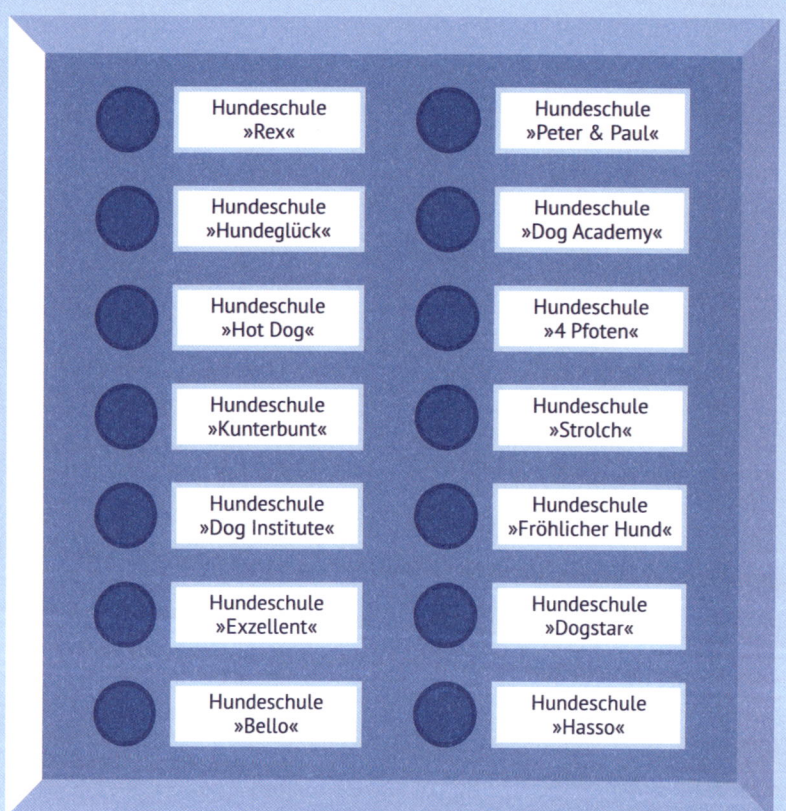

Hundeschule »Rex«

Hundeschule »Peter & Paul«

Hundeschule »Hundeglück«

Hundeschule »Dog Academy«

Hundeschule »Hot Dog«

Hundeschule »4 Pfoten«

Hundeschule »Kunterbunt«

Hundeschule »Strolch«

Hundeschule »Dog Institute«

Hundeschule »Fröhlicher Hund«

Hundeschule »Exzellent«

Hundeschule »Dogstar«

Hundeschule »Bello«

Hundeschule »Hasso«

WO LERNT DER HUND?

Eigentlich bereiten sich die meisten Hundebesitzer in spe gut auf den Hund vor, der bei ihnen einziehen soll. Womit viele jedoch nicht rechnen, ist die immense Anzahl an Hundeschulen. Wie soll man bei diesem Angebot nur die richtige finden?

25 Hundeschulen allein im näheren Umkreis? Das ist heutzutage nicht nur in den großen Städten dieser Republik keine Seltenheit mehr. Die Nachfrage in Sachen Hundeerziehung scheint riesig zu sein – und entsprechend groß ist auch das Angebot: Es gibt »Einzelkämpfer«, die zu Ihnen nach Hause kommen, aber auch »Hundezentren« mit einem großen Trainerteam und einem Angebot, das von diversem Zubehör rund um den Hund über Gassiservice oder Ganztagsbetreuung bis hin zur Hundepension reicht. Und viele kleinere Hundeschulen dazwischen.

Es gibt Gruppentrainingstunden für Welpen und Junghunde – genauso wie die Einzelberatung für schwierige Kandidaten. Kurse auf dem Hundeplatz und Kurse im Park. Die einen verfolgen diese Philosophie, die andere jene, und die nächsten sind offen für alle Methoden. Nicht zu vergessen die unzähligen Hundesportvereine, die bei der Erziehung des neuen Hausfreunds ebenfalls ihre Unterstützung anbieten. Bei so viel Auswahl kann einem schon mal schwindelig werden. Welche Schule ist denn nun die Beste? Gute Frage!

Am einfachsten ist es, wenn Sie sich erst einmal im Freundeskreis umhören. Eine Internetrecherche hilft anschließend, sich ein erstes Bild von den empfohlenen Adressen zu machen. Manche Hundeschulen bieten auch Schnupperstunden an. Probieren Sie ruhig mehrere aus. Es geht hier schließlich um Sie und Ihren Hund. ✘

WELPENGRUPPE GESUCHT

Um Ihren Hund bestmöglich aufs Leben vorzubereiten, besuchen viele Hundebesitzer eine Welpengruppe. Einer der härtesten Jobs für Hundetrainer. Er hat die Aufgabe, total verliebte Menschen zu beraten. Menschen, die mit Herzchen in den Augen im siebten Himmel schweben. Gleichzeitig muss er quasi hellseherische Fähigkeiten beweisen, um eventuell später auftretenden Problemchen entgegenzuwirken. Ein »falsches« Wort genügt, um den Unmut des Welpenbesitzers auf sich zu ziehen. Dementsprechend sollte der erfahrenste Trainer der Hundeschule die Welpengruppe leiten. ✖

Die GRUPPE ist nicht
größer als sechs oder
sieben Welpen. Wenn
doch, ist ein zweiter
Trainer dabei. ↦

SPIEL wechselt sich mit
kurzen ERZIEHUNGS-
ÜBUNGEN ab.

Die Welpen dürfen
KOMMUNIZIEREN,
also auch mal knurren. ←

Wird ein Welpe
von anderen
»GEMOBBT«,
wird die Situation
unterbrochen. ←

Es gibt genug PAUSEN
für die Kleinen, in de-
nen den Zweibeinern
Theorie vermittelt wird. →

DIE »PERFEKTE«
ERZIEHUNGSMETHODE:
ist dem Hund gegenüber
angemessen und FAIR …

…MUSS zum Men-
schen PASSEN. Fühle
ich mich gut dabei?

… hat ERLAUBENDE
aber auch VERBIE-
TENDE Elemente.

… lässt sich
auch im
ALLTAG
gut umsetzen.

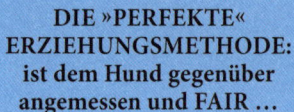

ALLES EINE FRAGE DER ERZIEHUNG

Man ist ja gern mal bereit, sich mit der ein oder anderen kleinen Unsitte des Vierbeiners zu arrangieren. Aber irgendwann ist es dann oft doch einfach genug.

Martina war ein bisschen ratlos. Eigentlich lief es ja ganz gut mit ihrer kleinen Emily. Seit Kurzem jedoch hatte die französische Bulldogge die nervige Unart entwickelt, beim Gassi gehen wie eine Dampflok an der Leine zu ziehen. Und neulich war es schließlich so weit: Auf dem matschigen Feldweg passte Martina nur eine Sekunde nicht auf und, schwupps, lag sie auch schon auf dem Hosenboden im Schlamm. Gleich nachdem sie im Internet eine Reinigung für ihre gute Jacke gefunden hatte, begab sie sich auf die Suche nach Rat in puncto Hundeerziehung.

Bereits im ersten Internetforum wurde sie fündig – und traf auf Gleichgesinnte, die sich auf unzähligen Seiten darüber austauschten, auf welche Art und Weise man seinem Hund erfolgreich abgewöhnen könnte, an der Leine zu zerren.

Eine Nutzerin schrieb, dass sie jedes Mal, wenn Spannung auf der Leine war, stehen blieb und wartete, bis ihr Hund sie ansah. Das belohnte sie dann mit einem Leckerli. Das würde schon ganz gut klappen. »Papperlapapp«, erwiderte daraufhin eine andere Hundebesitzerin. Nur durch den konsequenten Richtungswechsel – jedes Mal kurz ehe die Leine ganz gestrafft war – hätte sie erreicht, dass ihr Hund ihr nun schattengleich folge. »Das kann gar nicht funktionieren«, kommentierte ein dritter User. »Ein Hund lernt nur nicht mehr zu ziehen, wenn man das unerwünschte Verhalten konsequent unterbricht.« »Das ist ja wohl die Höhe! Mittlerweile sollte doch wohl der Letzte verstanden haben, dass man Hunde nur mittels positiver Bestärkung erzieht«, konterte der Nächste …

Zwei Stunden und 25 Ratschläge später hatte Martina Kopfschmerzen. Es war ganz offensichtlich sehr viel einfacher, eine dieser Spezialreinigungen für ihre High-Tech-Funktionsjacke zu finden als einen Lösungsansatz für Emilys Problem.

Kennen Sie den: Worin sind sich zwei Hundeexperten einig? Der dritte hat unrecht! Dieser Witz mag zwar schon etwas alt sein, aber er verdeutlicht sehr gut Martinas Problem: Es gibt unendlich viele verschiedene Erziehungsmethoden – positiv belohnen, nonverbal, körpersprachlich, technisch, umlenkend und so weiter und so fort. Manche haben schmissige Namen, andere werben mit eingetragenem Warenzeichen, und wieder andere verkaufen gleich ein ganzes System. Dass jede Methode Erfolge vorweisen kann, liegt daran, dass jeder Hund ein Individuum ist. Genau das ist aber auch der Grund, warum etwas beim einen super klappt, den anderen aber nicht die Bohne interessiert. So gesehen sind Hundeexperten wie Ärzte. Die Patienten, die die Behandlung nicht überleben, sehen sie nie wieder. ✖

SO GEHT LERNEN

Lernen ist eine komplexe Angelegenheit – viele Wege führen ans Ziel. Und genau das macht es manchmal auch so schwierig.

»Eigentlich ist es doch ganz einfach. Sind sie lieb, belohnst du sie. Sind sie frech, dann schimpfst du.« Diese weisen Worte stammen von meinem alten Kumpel Klaus. Er meint damit aber nicht etwa seinen Hund, sondern seine Azubis. Denn Klaus ist Schreinermeister und mit allen Wassern gewaschen. Nur sein Hund Max hat noch nicht verstanden, wie einfach eigentlich alles ist. Und deshalb treibt er seinen Besitzer in schöner Regelmäßigkeit in den Wahnsinn.

Zum Beispiel am Morgen, wenn es auf die Hundewiese geht. Dann zieht Max so verrückt an der Leine, dass Klaus froh ist, wenn er ihn endlich losmachen kann, nachdem sie die fünf Minuten Fußweg an der Straße hinter sich gebracht haben. Während Max sich auf der Wiese endlich frei entfalten kann, hält Klaus sich die Schulter, plant den nächsten Termin beim Osteopathen und fragt sich, wer seinem Hund wohl beigebracht hat, dermaßen an der Leine zu ziehen.

Die Antwort auf diese Frage ist so einfach wie niederschmetternd. Er selbst war es! Das morgendliche Rumgetobe auf der Wiese ist für Max schließlich das Größte. Und er hat gelernt, dass er nur doll genug an der Leine zerren muss, um endlich rennen zu können. Aber was ist mit Klaus? Der hat, indem er Max abgeleint hat, sein Verhalten quasi belohnt.

In der Lerntheorie nennt man das Ganze negative Verstärkung. Negativ bedeutet in diesem Zusammenhang, dass man dem Hund etwas Unangenehmes – in diesem Fall die Leine – entzieht, und ihm dadurch etwas Gutes tut. Klingt komisch, ist aber so.

Tatsächlich können die Begriffe aus der Lerntheorie ganz schön verwirrend sein. Denn anders als im täglichen Sprachgebrauch bedeutet »positiv«, dass etwas hinzugefügt wird, während »negativ« heißt, dass etwas entzogen wird.

Ein Beispiel: Wenn Klaus seinem Max abends ein Quietschespielzeug gibt, fügt er etwas Angenehmes hinzu, er belohnt ihn also positiv. Nimmt er seinem Hund das Spielzeug, vom Gequietsche völlig entnervt, wieder ab, entzieht er ihm etwas Angenehmes – bestraft ihn also negativ. So weit so gut, doch das ist nur die eine Seite der Medaille. Hunde können sich nämlich auch selbst belohnen. Und die Sachen, die ihnen am meisten Spaß machen, sind meist diejenigen, die uns am meisten nerven. Während unsereins zum Beispiel einsam am Waldrand steht und darauf wartet, dass der Vierbeiner endlich von seinem Ausflug wiederkommt, belohnt der sich selbst und wird in der Folge häufiger ausbüxen gehen. Ist ja auch eine tolle Sache, so eine Jagd. Klaus geht derweil ein Licht auf: »Ganz so einfach ist es wohl doch nicht«. ✖

POSITIVE
BESTRAFUNG:
»Pfui!«

POSITIVE
BELOHNUNG:
»Hier hast du ein
Leckerli.«

NEGATIVE
BESTRAFUNG:
»Ich gehe nicht
auf dich ein.«

NEGATIVE
BELOHNUNG:
»Ok, geh spielen.«

ALLES FROLIC ODER WAS?

Stellen Sie sich vor, Ihr Sohn hat sein Zimmer auf-geräumt, die Terrasse gefegt oder eine gute Note in Mathe geschrieben. Als Belohnung dafür kaufen Sie ihm einen Fußball. Doch davon ist er alles andere als begeistert. Fußball ist nämlich gerade so gar nicht sein Ding, viel lieber surft er im Internet oder verbringt seine Zeit mit Videospielen. Dieses kleine Beispiel verdeutlicht, wie individuell Belohnung ist, und dass gut gemeint noch lange nicht gut gemacht bedeutet. Das gilt natürlich auch für Hunde. Die haben nämlich auch unterschiedliche Vorlieben. ✖

FUTTERBELOHNUNG

Die meisten Hunde sind ziemlich verfressen. Kein Wunder, schließlich sind Hunde Beutegreifer, und Hungrigsein wurde ihnen sozusagen in die Wiege gelegt. Außerdem ist Fressen überlebenswichtig. Trotzdem: Was Belohnung ist und was nicht, entscheidet immer noch der Empfänger. Und dabei gilt: Je höherwertig etwas ist, desto größer ist die Motivation, etwas dafür zu leisten. Kein Wunder also, dass es im Zoofachhandel eine schier unendliche Leckerli-Auswahl gibt – angefangen bei Naturkauartikeln über Kekse bis hin zu Leberwurst in Tuben. Für was Sie sich auch entscheiden, eines sollten Sie beim Belohnen Ihres Hundes beachten: Es sollte stets direkt erfolgen, weil der Vierbeiner ansonsten nicht versteht, wofür genau es gerade einen Keks gibt. Ist promptes Verfüttern nicht möglich, kann man die Belohnung auch mit einem herzhaften »Feiiiin!« ankündigen und den Keks anschließend geben.

TAKTILE ENTSPANNUNG

Liebt Ihr Hund es zu kuscheln? Dann sind Streicheln, Kraulen, Kitzeln und Co. für ihn bestimmt eine tolle Belohnung. Probieren Sie einfach mal aus, wo es Ihrem Hund am besten gefällt. Vielleicht an der Stelle hinter dem Ohr oder unten am Hals? Mag er es eher sanft oder doch lieber ein bisschen kräftiger? Auf jeden Fall nicht zu fest! An dieser Stelle folgender Hinweis an die männlichen Leser dieses Buches – und ein kleines Selbstexperiment: Klopfen Sie sich doch mal so kräftig Sie können seitlich auf die Rippen, und wiederholen Sie dabei mantraartig die Worte: »Guuuter Junge«. Fühlt sich ziemlich unangenehm an, oder? Richtig! Und genauso geht es Hunden, wenn man sie »durchklopft«. Vergessen Sie also nie, dass Hunde keine Buschtrommeln sind. Das gilt selbst für Deutsche Schäferhunde.

SPIELEN

Was gibt es Schöneres, als so richtig ausgelassen mit seinem Hund über die Wiese zu toben? Das sieht für Außenstehende vielleicht ein bisschen dämlich aus, dafür aber stärkt es den Zusammenhalt und ist für beide ein Riesenspaß. Warum also den Vierbeiner nicht mal mit Spielen belohnen? Insbesondere dann, wenn der Hund sich gerade etwas länger auf eine Übung konzentrieren musste, kann er mit einem Renn- oder Raufspiel Dampf ablassen. Dabei steht nicht nur die Freude an der Sache im Vordergrund. Vor allem junge oder etwas rüpelige Zeitgenossen können gleichzeitig lernen, ihre Kräfte zu dosieren. Zwei Dinge gilt es jedoch zu beachten: Zum einen sollte das Spiel nicht allzu wild werden, da sich manche Hunde sonst gar nicht mehr beruhigen. Zum anderen sollten Sie jederzeit in der Lage sein, das Spiel abrupt zu beenden. ✖

HORCH MAL, WAS DA CLICKT

Knick-Knack! Dieses markante Geräusch stammt vom Clicker, eine Art Knackfrosch, der genutzt wird, um mit dem Hund zu trainieren. Der Clicker ersetzt dabei das »Fein!« und kündigt ein Leckerli an beziehungsweise motiviert, am Ball zu bleiben. Zunächst muss der Hund dazu kapieren, dass Knick-Knack bedeutet: Gleich gibt es eine Belohnung! Hat er das Prinzip verstanden, kann man ihm die verrücktesten Dinge beibringen. Auch wenn es ums Feintuning bestimmter Kommandos geht – Experten nennen das Shaping –, ist ein Clicker hilfreich. Sogar manche Unart lässt sich mit viel Geduld wieder wegclickern. ✖

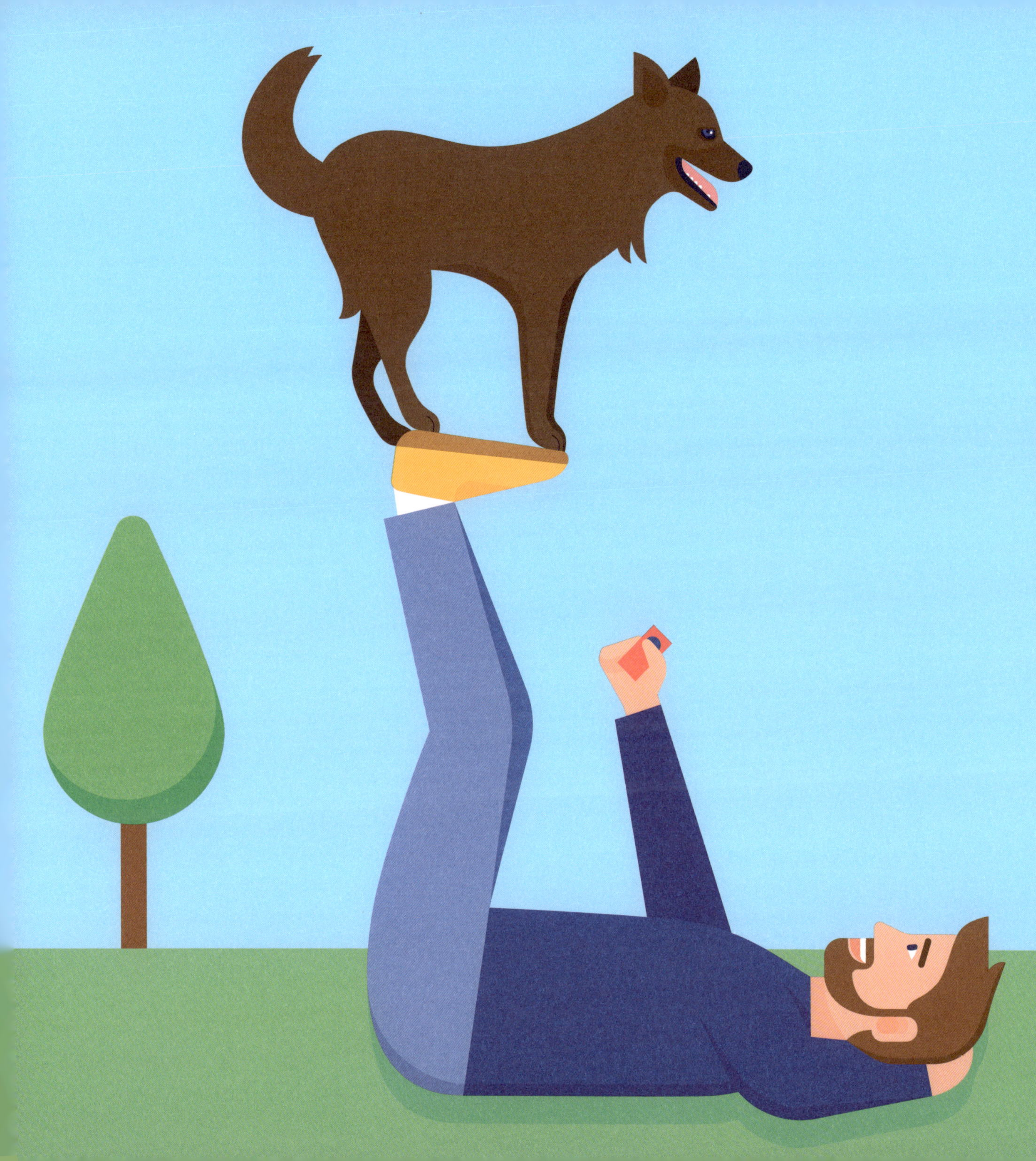

DIE SACHE MIT DER KONSEQUENZ

Hand aufs Herz, sind Sie konsequent? Gelingt es Ihnen immer und jederzeit, die Finger von der Schokolade oder den Kartoffelchips zu lassen, »nur« weil sie ungesund sind? Die schicke Bluse nicht zu kaufen, weil der Kleiderschrank eh schon überquillt? Nein?

Keine Sorge, Menschen sind eben einfach nicht konsequent. Und dann sollen sie es ausgerechnet im Umgang mit ihren Hunden sein? Kein Wunder, dass so viele beim Versuch, ständig richtig zu reagieren und auf Regeln zu bestehen, samt und sonders scheitern.

Dabei zeigt doch schon ein Blick auf das Zusammenleben von Wölfen, dass es nicht darum geht, 24 Stunden am Tag den Rudelführer zu mimen. Das wäre dem Leitwolf viel zu anstrengend. Er bricht sich ja auch keinen Zacken aus der Krone, wenn ein Welpe mal auf seinem Bauch rumhüpft oder ein rangniederes Tier auf der Beute herumkaut. Hat der »Chef« jedoch genug vom Welpen oder legt er gerade Wert darauf, dass das Futter ihm gehört, dann kann er sich durchsetzen. Die Konsequenz im Zusammenleben liegt also darin, dass souveräne Tiere sich behaupten können, wenn es ihnen wichtig ist. Wann genau das ist, entscheiden sie je nach Stimmung.

Für uns Menschen bedeutet das, dass es herzlich egal ist, ob der Hund als Erster oder Zweiter durch die Tür geht. Es ist nur wichtig, dass wir darauf bestehen könnten, vorn zu gehen, wenn es uns wichtig ist. Und ganz ehrlich: Ist es nicht manchmal auch ganz praktisch, wenn der Vierbeiner schon im Flur wartet, während man selbst sich noch mit Einkaufstüten voller Schokolade, Chips und neuen Klamotten durch die Tür quetscht? ✖

K.I.T.

KONSEQUENZ: Eine Belohnung oder
Strafe muss jedes Mal erfolgen.

INTENSITÄT: Die Belohnung
oder Bestrafung muss so erfolgen,
dass der Hund sie versteht.

TIMING: Die Handlung muss unmittelbar
(innerhalb von 2 Sekunden) erfolgen.

Ob eine Übung funktioniert,
merken Sie anhand der
REAKTION IHRES HUNDES.

ZIEH DOCH NICHT SO!

Es könnte so schön sein: ein entspannter Spaziergang mit dem Hund über Wiesen, durch den Wald, am Strand entlang … Doch was macht der liebe Vierbeiner? Er stemmt sich wie verrückt in die Leine. Kein Wunder, dass manch täglicher Gassigang eher an Tauziehen als an Erholung erinnert.

Manche Hunde scheinen immer Termine zu haben. Nie geht es ihnen schnell genug, immer preschen sie voran. Zum Glück gibt es eine Vielzahl von Übungen, die dabei helfen, das Laufen an der Leine um einiges entspannter zu gestalten.

Zunächst kann es sinnvoll sein, die Übung zu »ritualisieren«: Schaffen Sie sich kleine Lerninseln, und erklären Sie Ihrem Vierbeiner zum Einstieg und zum Ende der Übung, dass es nun losgeht oder vorbei ist. So ein kleines Ritual hat den Vorteil, dass Sie nicht 24 Stunden am Tag darauf achten müssen, dass Ihr Hund nicht an der Leine zieht. Sondern nur dann, wenn Sie üben.

Beim Üben gehen Sie anfangs nur ein paar Schritte und bleiben dann stehen. Idealerweise schaut Ihr Hund Sie jetzt an, denn nun ändern Sie die Richtung und laufen ein Stück zurück, ehe Sie nach ein paar Schritten erneut stehen bleiben. Und gleich noch einmal. Hat es Ihr Hund dreimal geschafft, auf Sie zu achten und nicht an der Leine zu ziehen, wiederholen Sie das eingangs erwähnte kleine Ritual und geben ihn frei. Achtet er dagegen nicht auf Sie, sprechen Sie ihn an und wechseln die Richtung, sobald er auf Sie reagiert.

Um es dem Hund so leicht zu machen wie möglich, üben Sie anfangs dort, wo er nicht allzu sehr abgelenkt wird. Hat er das Prinzip verstanden, darf das Drumherum auch etwas spannender sein. Wiederholen Sie die Übung dann auch an verschiedenen Orten und zu unterschiedlichen Zeiten, denn Hunde lernen kontextspezifisch. Das bedeutet, dass die Umgebung eine wichtige Rolle für die Lernerfahrung spielt. Fachleute nennen das Generalisierung. Sie ist übrigens der Grund, warum manche Vierbeiner auf dem Hundeplatz viel besser folgen als unterwegs. Dort wurde einfach mehr trainiert.

Noch schöner als ein Spaziergang an entspannter Leine ist es, den Hund frei laufen zu lassen. Das zu üben, sollten Sie aber erst beginnen, wenn er gelernt hat, ohne Zug an der Leine zu laufen und darauf zu achten, wenn Sie stehen bleiben oder die Richtung wechseln. Starten Sie auch den Freilauf zunächst in einer entspannten Umgebung. Klappt es gut, können Sie für Ablenkung sorgen, etwa mit Futter am Wegesrand. Ziel ist es, dass der Vierbeiner trotz aller Verlockung auf Sie achtet. Gehen Sie aber wieder Schritt für Schritt vor, um den Hund nicht zu überfordern. Es bedeutet zwar nicht, dass er einem Reh widerstehen könnte, wenn er in der Lage ist, das Futter links liegen zu lassen. Für die üblichen Ablenkungen reicht es jedoch allemal. ✖

SO KLAPPT'S MIT DEM ÜBEN

Manche Hunde beherrschen jede Menge Kommandos und Tricks – von »Sitz!«, »Platz!« und »Steh!« über High Five und Rolle bis zu »Schäm dich!«. Wow! Ihr Hund dagegen kann sich gerade mal auf Befehl hinsetzen – und auch das klappt nicht immer.

Wenn Sie Ihrem vierbeinigen Freund ein paar Dinge beibringen möchten, um den Alltag mit ihm angenehmer zu gestalten, hier ein paar wertvolle Tipps:

Zunächst einmal sollten Sie das gewünschte Verhalten jedes Mal belohnen, sobald Ihr Hund es zeigt. Sobald er jedoch verstanden hat, dass es eine Belohnung für etwas gibt, belohnen Sie ihn nicht mehr jedes Mal, sondern nur noch hin und wieder. In der Lerntheorie nennt man das intermittierende Verstärkung. Sie ist der Grund, weshalb wir Menschen Lotto spielen – und weshalb Ihr Hund am Ball bleibt. Denn genau wie wir hin und wieder mal drei Richtige haben und daher weiterhin vom Jackpot träumen, zeigt der Vierbeiner sein neu gelerntes Verhalten immer wieder. Schließlich könnte ja ein Leckerli für ihn abfallen.

Weil das Ganze doch sehr theoretisch klingt, hier ein Beispiel: Sie möchten gern, dass Ihr Hund auf Ihren Wunsch hin auf seinen Platz geht? Etwa weil Sie bald Besuch von Freunden kriegen, die nicht sooo begeistert von Hunden sind? Beginnen Sie damit, dass Sie erst mal ein paar Leckerli auf den Platz werfen. Es soll sich für den Hund ja schließlich lohnen. Er läuft also freudig zu seinem Schlaflager, mampft die Kekse und guckt Sie erwartungsschwanger an. Daraufhin gehen Sie zu ihm und loben ihn. Auf seinem Platz! Anschließend geben Sie ihn wieder frei. Das ist wichtig, denn nur indem Sie die Übung wieder auflösen, lernt Ihr Hund vor Ort zu bleiben, so lange Sie es wollen.

Begibt sich der Hund schließlich jedes Mal auf seinen Platz, wenn Sie einen Keks dorthin werfen, beginnen Sie mit dem Sichtzeichen. Wie praktisch, dass Ihre Handbewegung dabei sowieso schon dem »Keksweitwurf« ähnelt.

Und nachdem auch das mit dem Sichtzeichen gut funktioniert, folgt das Hörzeichen.

Um sicherzustellen, dass der Vierbeiner versteht, was Sie meinen, muss das Neue immer vor dem schon Bekannten kommen. Sie sagen also »Lilly, Körbchen!« und zeigen erst dann mit der Hand Richtung Hundebett. Würden Sie es anders herum machen, würde Lilly auf das Sichtzeichen hin auf ihren Platz gehen und das Hörzeichen gar nicht verstehen. Experten nennen das Überschattung.

Die allermeisten Hunde sind sehr schlau und lernen deshalb ziemlich schnell, auf Anweisung ihr Lager aufzusuchen und auf Ihr »Okay« zu warten, bis sie es wieder verlassen. Prima! Denn so steht dem nächsten entspannten Abend mit den Freunden nichts im Wege. ✖

SITZ UND PLATZ!

Den Befehl »Sitz!« beherrschen fast alle Hunde – mehr oder weniger gut , Mit dem »Platz!« sieht es da schon anders aus. Es gibt Vierbeiner, die wollen sich einfach nicht hinlegen, weil ihnen der Untergrund zu kalt, zu nass, zu weich oder zu hart ist. Es scheint einfach immer irgendeinen Grund zu geben, der sie daran hindert, sich auszustrecken.

Um dem Hund beizubringen, sich auf Kommando hinzusetzen oder hinzulegen, bringen Sie ihn, wie bei anderen Übungen auch, zunächst mittels Leckerli in die gewünschte Position. Nach und nach kommen dann das Sichtzeichen, zuletzt das Hörzeichen dazu. So weit, so gut.

Zu »Sitz!« und »Platz!« gehört aber auch, dass der Hund es schafft, tatsächlich so lange sitzen oder liegen zu bleiben, bis man ihn wieder zu sich ruft.

Und die Königsdisziplin ist dann, dass er das Ganze aus der Bewegung und auf Distanz beherrscht. Sapperlot!

Um das zu üben, muss Ihr Vierbeiner das jeweilige Kommando auf Hörzeichen beherrschen. Klappt das, gehen Sie, nachdem Sie den Befehl gegeben haben, erst einen Schritt rückwärts und dann wieder einen Schritt auf das Tier zu. Bleibt es dabei sitzen beziehungsweise liegen, freuen Sie sich: »Toller Hund, hier hast du einen Keks.« Dann freut er sich. Vergrößern Sie langsam die Entfernung – und siehe da, schon hat Ihr Hund gelernt zu verharren, bis Sie ihn freigeben. Für die »Angebervariante« passen Sie dann einfach einen Moment ab, in dem Ihr Hund gerade auf Sie achtet und sagen dann das Signal. Setzt er sich beziehungsweise legt er sich hin, gehen Sie zu ihm und belohnen ihn. Eigentlich ganz einfach, aber verraten Sie es niemandem. ✖

1. SCHRITT:
Der Hund wird mit
Futter so geführt, dass
er sich hinlegt und wird
dafür belohnt.

2. SCHRITT:
Sichtzeichen wie bei
Schritt 1 ähnlich, ohne
dabei mit Futter zu
locken. Wenn der Hund
liegt, bekommt er seine
Belohnung.

3. SCHRITT:
Erst das Hörzeichen
sagen, dann das Sicht-
zeichen folgen lassen.
So verknüpft der Hund
»Platz!« mit dem
Sichtzeichen.

4. SCHRITT:
Das Sichtzeichen
weglassen.

KOMM!

Wild gestikulierende Menschen im Park machen entweder Ausdruckstanz oder versuchen, ihren Hund davon zu überzeugen, zu ihnen zurückzukommen. Urkomisch! Dabei ist es eigentlich ganz einfach, einem Hund »Komm!« beizubringen. Stellen Sie sich zunächst hinter den Hund, wenn er gerade mit dem Lieblingsspielzeug, Futtern oder sonst einer spannenden Sache beschäftigt ist, und sprechen Sie ihn an. Dreht er sich um und kommt, freut er sich über ein Lob: »Toller Hund!« Dann darf er wieder zurück. Mit der Zeit vergrößern Sie die Distanz und wiederholen die Übung an unterschiedlichen Orten. ✖

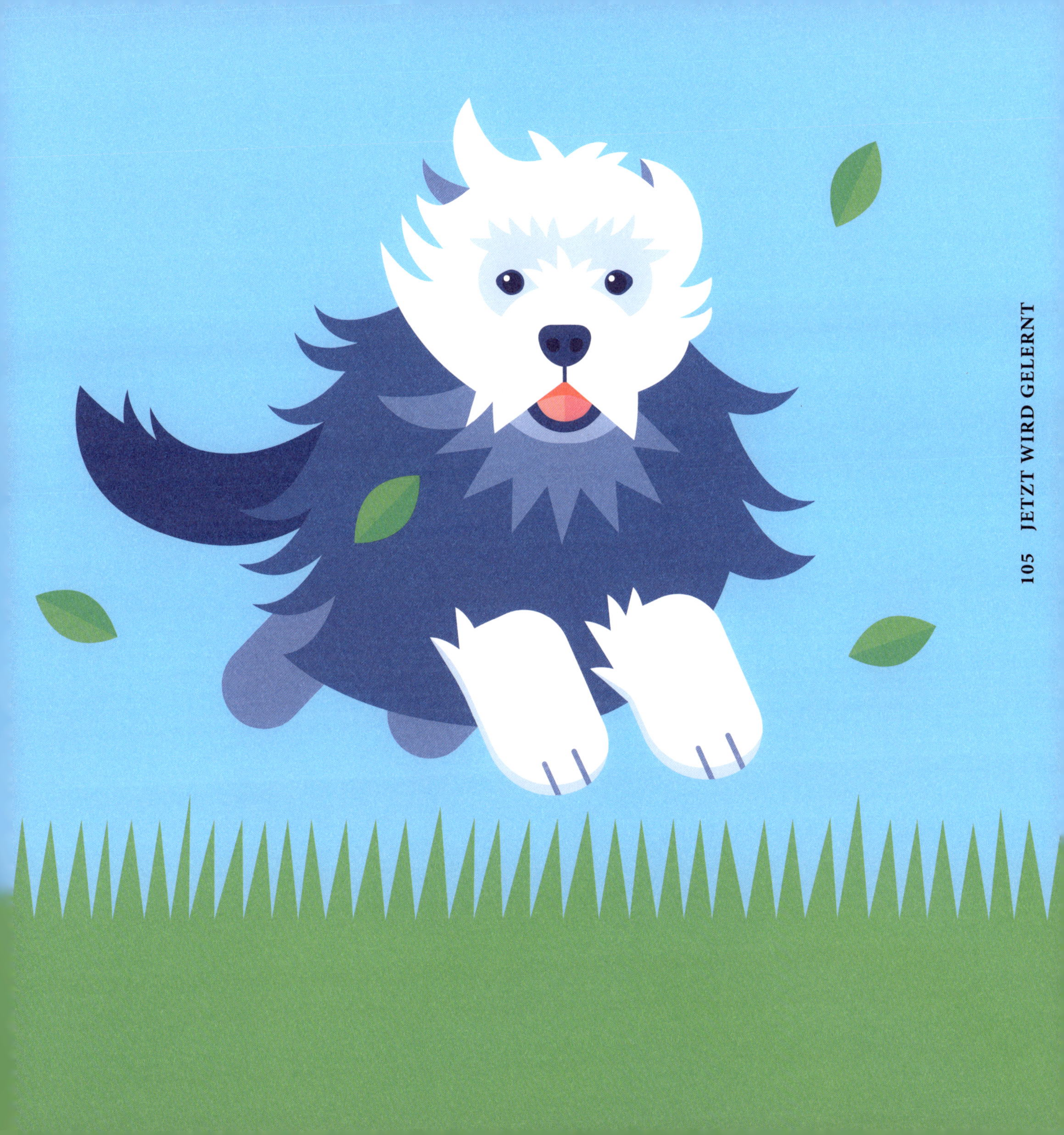

Die Summe der LERNERFAHRUNGEN bestimmt, ob ein Hund mit neuen Reizen umgehen kann oder nicht.

Hat der Hund Zwei- und Vierräder KENNENGELERNT, kann ihn auch das plötzlich vorbeirasende Fahrrad nicht beeindrucken.

NUR KEIN STRESS

Stress ist ein unangenehmes Gefühl, das auf Dauer sogar krank machen kann. Aber was genau ist Stress eigentlich, und wie kann man seinen Hund davor schützen?

Für Physiologen ist Stress erst einmal nur ein Erregungszustand. Der kann gut sein oder auch schlecht. Wenn wir uns topmotiviert an eine spannende Aufgabe begeben, haben wir nämlich auch Stress – allerdings von einer Sorte, die sich gut anfühlt. Man nennt das Eustress. Wenn uns eine Aufgabe dagegen langweilt und frustriert oder wenn sie viel zu schwer ist und wir scheitern, bekommen wir Disstress. Das ist die unangenehme Stressvariante mit den bekannten negativen Folgen. Sind wir einer solchen negativen Stressbelastung längere Zeit ausgesetzt, kann das mit der Zeit ganz schön aufs Gemüt und auf die Gesundheit schlagen.

Was Sie persönlich stresst und was nicht, hängt damit zusammen, was Sie gelernt haben. Dasselbe gilt auch für Ihren Hund. Während der eine auf den Radfahrer gelassen wie ein Metzgerhund reagiert, regt der andere sich fürchterlich auf. Der Grund dafür: Der erste hat gelernt, mit Stress umzugehen und sich nicht so einfach aus der Ruhe bringen zu lassen. Der zweite nicht.

Freudige Erregung ist gut fürs Hundetraining und motiviert den Vierbeiner, sein Bestes zu geben. Ist er müde oder mit einer Übung überfordert, ist es dagegen klug, einen Schritt zurückzugehen beziehungsweise dann aufzuhören, wenn es am schönsten ist. Denn nach müde kommt bekanntlich doof. Das weiß jeder, der schon mal versucht hat, nach einem harten Arbeitstag noch schnell die Steuererklärung zu machen oder einen wichtigen Brief zu schreiben. Klappt selten gut. ✖

Am Anfang stehen die
GRUNDREGELN des
Miteinanders im
Vordergrund.

Erst, wenn das kleine
EINMALEINS sitzt,
können olympische Ziele
verfolgt werden.

FRÜH-FÖRDERUNG

Es gibt Vereine und Hundeschulen, die bereits Welpen auf eine sportliche Laufbahn vorbereiten. Gut Ding will jedoch Weile haben. Deshalb beginnt zum Beispiel die Ausbildung von Polizei-, Jagd- und Hütehunden erst dann, wenn die Kleinen aus dem Gröbsten heraus sind und die nötige körperliche und geistige Reife erlangt haben. Den Hund zu früh an den Hundesport heranzuführen, ist ein bedenklicher Trend, den man auch von überambitionierten Eltern kennt. Und so hat es mich nicht gewundert, als mir eine Züchterin erzählte, sie würde ihrer tragenden Hündin klassische Musik vorspielen. ✖

ENTSPANNT GASSI GEHEN

Die einen machen Agility, die anderen Mantrailing, Obedience oder Rettungshundearbeit: Kaum ein Thema treibt Hundefreunde so rum wie die artgerechte Beschäftigung ihres vierbeinigen Lieblings. Dabei könnte alles so einfach sein.

Aus Sorge, dem Bedürfnis ihres Hundes nach Auslastung nicht gerecht zu werden, investieren viele Menschen sehr viel Zeit und Geld. Dabei gäbe es eigentlich eine Freizeitbeschäftigung, die ebenso unaufwendig wie kostengünstig ist: der gute alte Spaziergang, zu dem es nicht mehr braucht als den Hund und wahlweise gutes Wetter oder wetterfeste Kleidung.

Um allen Interessierten auf die Sprünge zu helfen, wie artgerechtes Gassi gehen funktioniert, kommt hier noch mal eine kurze Bedienungsanleitung. Ach ja, eins vorweg: Um ein bestmögliches Ergebnis zu erzielen, verzichten Sie beim Gassi gehen auf Ihr Smartphone.

Betätigen Sie wahlweise den Aus-Knopf, oder lassen Sie das Ding einfach gleich zu Hause. Hunde sind soziale Lebewesen und lieben die Interaktion mit Menschen – vor allem mit ihrem. Und das gelingt nun mal am besten, wenn nicht irgendein störendes Hightech-Spielzeug zwischen Ihnen und Ihrem Hund steht.

Jetzt aber zum Spazierengehen. Dazu begeben Sie sich zunächst auf die grüne Wiese, den Wald, in die Berge oder an den Strand. Vor Ort sehen Sie sich dann erst einmal um. Vielleicht gibt es einen umgefallenen Baum, über dessen Stamm man balancieren kann. Kleine Gräben, über die man springen kann. Büsche, hinter denen man sich verstecken kann … Seien Sie kreativ!

Die Abwesenheit Ihres Smartphones und die damit verbundenen Entzugserscheinungen können Sie kompensieren, indem Sie sich mit Ihrem Hund beschäftigen. Der Mensch stammt bekanntlich vom Affen ab, also machen Sie sich zum selbigen. Seien Sie albern, fordern Sie Ihren Vierbeiner zum Spielen auf, rennen Sie mit ihm um die Wette oder fläzen Sie gemeinsam auf einer Bank herum. Sie können auch Futter – am besten frisches, stark riechendes – an einen Ast hängen, es verbuddeln oder verstecken. Derlei Beschäftigung kommt den natürlichen Instinkten Ihres Hundes sehr entgegen. Er kann rennen und sich austoben, mit einem Sozialpartner kommunizieren, »Beute« suchen – alles fast wie in der freien Wildbahn. Wobei sich das gewünschte Ergebnis natürlich noch dadurch verbessern lässt, indem Sie Ihrem Hund beigebracht haben, ohne Leine zu laufen und/oder ein Artgenosse zugegen ist, mit dem er sich gut versteht.

Nach ungefähr zwei Stunden haben Sie dann Ihr Ziel erreicht, und Ihr Hund sollte müde, aber glücklich sein. Gratulation, Sie waren soeben spazieren. Und Hand aufs Herz: Ihnen hat das Ganze doch auch Spaß gemacht, oder? ✖

HÜNDCHEN HOPP

Sie sind auf der Suche nach einer gemeinsamen Beschäftigung, die gleich noch die Feinmotorik trainiert und die Kommunikation zwischen Zwei- und Vierbeiner verbessert? Dann ist Agility vielleicht genau das Richtige.

Agility bedeutet ungefähr so viel wie Wendigkeit und Flinkheit. Und schnell und wendig sind die Hunde, die über den Parcours aus Hindernissen, Slaloms und Tunnel flitzen, tatsächlich. Dass das Ganze ein wenig an Springreiten erinnert, ist übrigens kein Zufall. Denn als der Brite Peter Meanwell 1977 gefragt wurde, ob er nicht eine Pausenattraktion für eine große Hundeausstellung entwickeln wolle, ließ er sich genau davon inspirieren. Nur eine Nummer kleiner eben.

Vermutlich hat er selbst nicht geahnt, welchen Boom er mit seiner Idee auslösen würde. Jedenfalls ist Agility heute eine der beliebtesten Sportarten für Vierbeiner und wird von vielen Hundevereinen und -schulen angeboten. Die ungekrönten Königinnen und Könige auf dem Parcours sind dabei nach wie vor Border Collies, weshalb verschiedene Verbände extra eine Startklasse in Größe M eingeführt haben, um auf den Siegerpodesten für mehr Vielfalt zu sorgen.

Wenn man beginnt, an Hürde, Slalom, Tunnel und Co. zu trainieren, ist es wichtig, die verschiedenen Übungen sauber und konzentriert zu trainieren. Denn verpasst der Hund zum Beispiel die Kontaktzone der Brücke, droht im Wettkampf die Disqualifikation. Zudem möchten die Gelenke geschont werden, schließlich kann Agility, wird es zu intensiv betrieben, ganz schön auf die Knochen gehen. So manches Naturtalent musste vor der Zeit in Frührente gehen. ✖

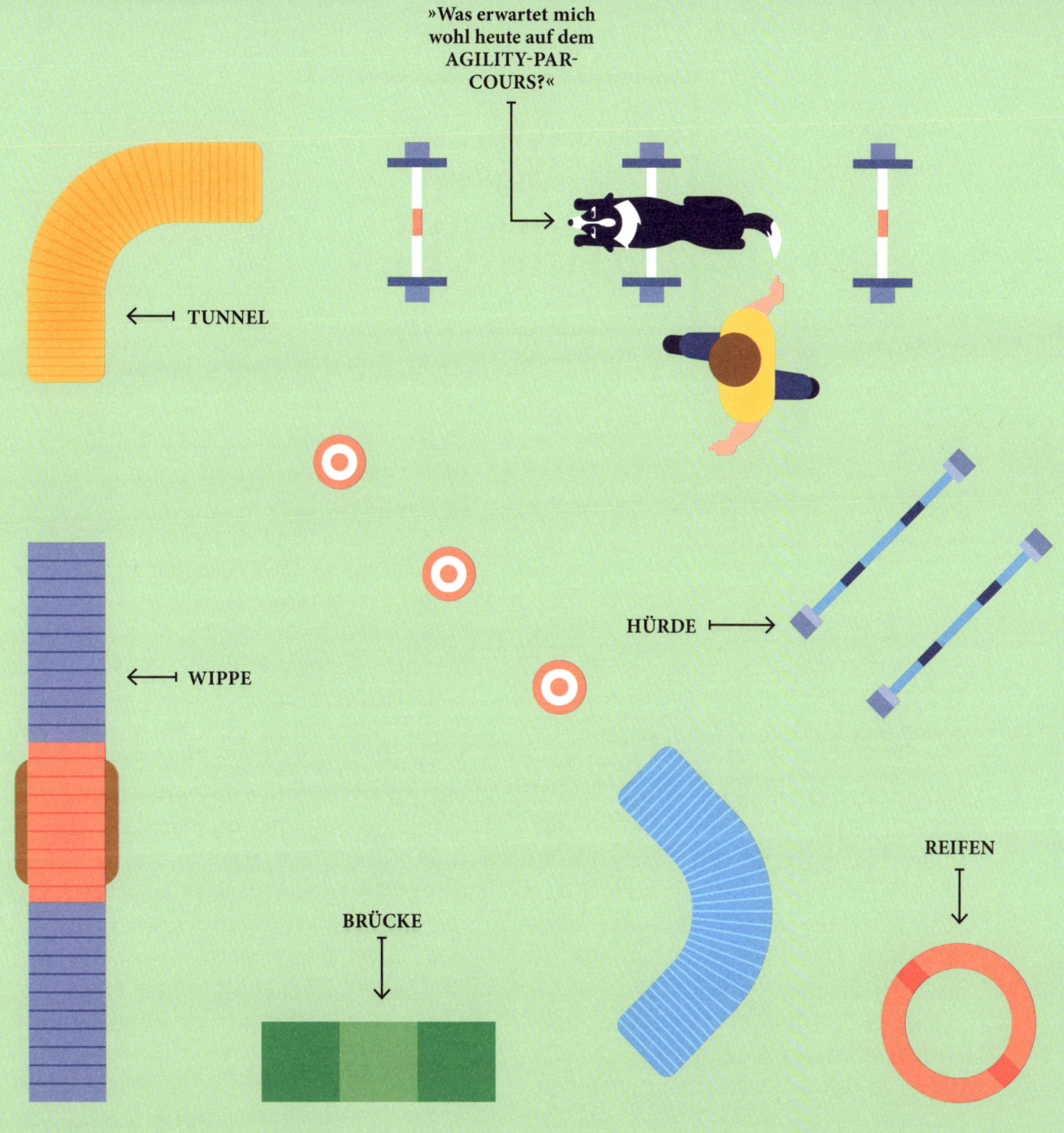

BRING STÖCKCHEN!

Viele Hunde, allen voran vermutlich Retriever, haben jede Menge Spaß am Apportieren. Voraussetzung ist, dass sie gern und vor allem freiwillig Dinge ins Maul nehmen – ohne darauf herumzukauen oder zu knautschen, wie der Jäger sagt. Logisch! Wenn der Apportierhund auf der Ente herumkauen würde, kann man sie später nicht mehr essen.

Nachdem ein Objekt gefunden wurde, das der Hund gerne ins Maul nimmt – in der Fachsprache nennt man so ein Objekt Apportel –, bringt man ihm erst einmal bei, es auf Kommando »Aus!« zu geben. Dafür bekommt er jedes Mal eine Belohnung.

Klappt das gut, lernt er als Nächstes zu warten, bis das »Apport!« kommt, bevor er das Apportel nimmt. Erst wenn er auch das beherrscht, können Frauchen oder Herrchen anfangen, Distanz aufzubauen. Sie legen dazu das Objekt der Begierde zunächst nur einige Meter weg – geworfen wird erst später. Hat der Hund verinnerlicht, das Signal abzuwarten, daraufhin das Apportel zu holen und es seinem Besitzer zurückzubringen, sind die ersten Schritte dahin getan.

Beim Training sind Ihrer Kreativität keine Grenzen gesetzt. Sie können zum Beispiel unterschiedliche »Bringsel« einsetzen oder Ihrem Hund beibringen, dass er gleich mehrere Apportel holt. Jäger unterscheiden außerdem die Frei-verloren-Suche, das Markieren und das Einweisen. Bei ersterer weiß der Hund nicht, wo das Apportel liegt und muss es selbstständig suchen. Beim Markieren hat er mitbekommen, wo es gelandet ist. Beim Einweisen wiederum unterstützt ihn sein Mensch, der ungefähr die Richtung anzeigt, in der der Hund suchen muss. ✖

Bringt der Hund das FUTTER-DUMMY, können Sie ihn daraus belohnen.

IPO-APPORTEL gibt es mit 650, 1000 und 2000 Gramm.

Das CANVAS-APPORTEL ist mit Kunststoffkugeln gefüllt, sodass man gut erkennen kann, ob der Hund darauf rumkaut (»knautscht«).

DER MIT DEM HUND TANZT

Dog Dancing ist nicht etwa Tango oder Salsa auf sechs Füßen, sondern echter Hundesport. Es stammt ursprünglich aus den USA und mischt Elemente aus Trickdogging und Obedience, also der hohen Schule der Unterordnung. Deshalb gehören Bei-Fuß-Gehen und Sitz genauso dazu wie diverse Kunststückchen, etwa Drehungen, Polonaise und Sprünge über oder durch die Arme des Menschen – der seinen vierbeinigen Tanzgefährten übrigens die ganze Zeit aktiv unterstützt und dabei auch ganz schön aus der Puste kommen kann. ✖

IMMER DER NASE NACH

Hunde sind Nasentiere und lernen schnell, einen Geruch aufzunehmen und die »vermisste« Person zu finden. Wie toll, wenn es als Belohnung dafür auch noch ein Leckerli gibt.

Mantrailing ist die Freizeitvariante der Personensuche und eine wirklich tolle Beschäftigung für Hunde. Übrigens ist sie das auch für seinen Besitzer. Denn der erspart sich, im Gegensatz zur Arbeit eines professionellen Rettungshundes, die aufwendige und zeitintensive Ausbildung samt Erste-Hilfe-Kurs und nächtlichen Übungseinsätzen.

Stattdessen sieht das Ganze (in Vollendung) so aus: Kaum hat der Hund den Geruch des »Vermissten« in Form einer Socke aufgenommen, läuft er auch schon los. Währenddessen besteht die Aufgabe seines Besitzers darin, ihn nicht versehentlich zu stören und seine Signale richtig zu lesen.

Echte Könner finden den Besitzer der Socke bereits nach wenigen Minuten. Was genau die Vierbeiner bei ihrer Suche genau erschnüffeln, ist bis heute nicht abschließend geklärt. Man geht jedoch davon aus, dass sie die mikroskopisch kleinen Hautpartikel, die jeder Mensch täglich in großer Zahl verliert, identifizieren können.

Aber eigentlich ist es ja auch egal, wie es genau vonstattengeht. Fest steht, dass Hunde beim Mantrailing wahre Wunder vollbringen. Und die Leistung ihrer professionellen Kollegen ist noch weitaus bewundernswerter. Sie finden Menschen, die sich verirrt haben, verschüttet wurden oder auf der Flucht sind, auch noch nach Tagen oder gar Wochen. Es gibt sogar Suchhunde, die in der Lage sind, der Spur eines Autos zu folgen, in der die gesuchte Person saß. Da bleibt einem nichts anderes als ein respektvolles Wau, äh Wow. ✖

MANTRAILING ist eine tolle Beschäftigung für Hunde, aber für die vermisste Person zeitaufwendig und teils gewöhnungsbedürftig.

PROBLEME UND PROBLEMCHEN

Manchmal ist es wirklich zum Haareraufen. Da geben wir uns so viel Mühe, unsere Hunde zu erziehen, und trotzdem entwickeln die lieben Kleinen die eine oder andere Unart. Auf den nächsten Seiten schildere ich die häufigsten Schwierigkeiten im Zusammenleben mit Hunden. Ob Ihnen meine Hinweise aber konkret helfen, kann ich nicht garantieren. Dafür sind die Vierbeiner einfach zu individuell, die Gründe für ein bestimmtes Verhalten zu vielfältig. Wenn es wirklich zu Problemen kommen sollte, hilft Ihnen jedoch eine gut qualifizierte Hundeschule in Ihrer Nähe gerne weiter. ✖

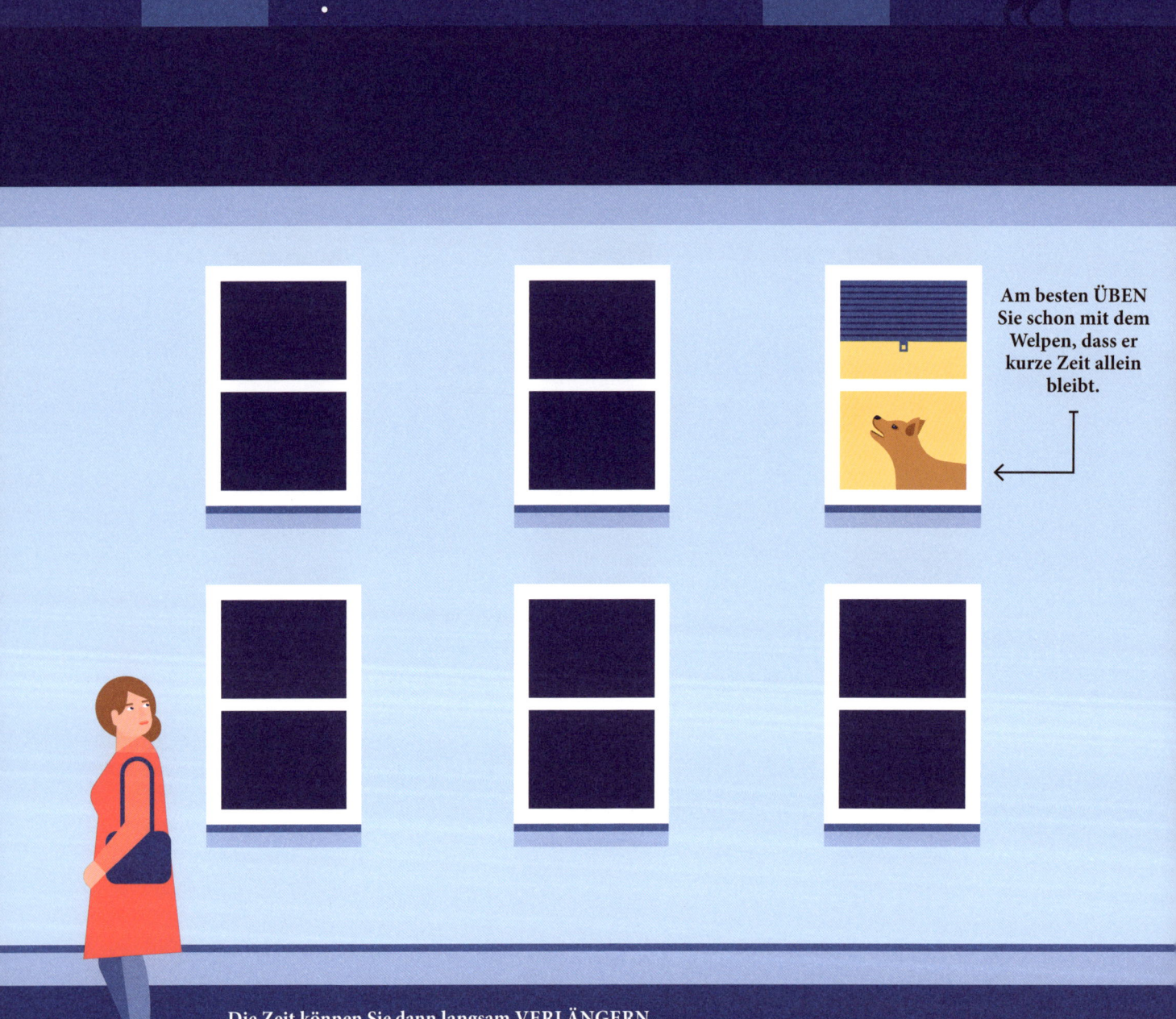

Am besten ÜBEN Sie schon mit dem Welpen, dass er kurze Zeit allein bleibt.

Die Zeit können Sie dann langsam VERLÄNGERN, achten Sie jedoch darauf, dass Sie Ihren Hund nur für Ruhe belohnen und nicht, wenn er »meckert«.

HUND ALLEIN ZU HAUS

Es ist schon herzzerreißend, wenn der geliebte Hund zu jammern anfängt, sobald man das Haus verlässt. Nicht nur, weil einen recht schnell ein schlechtes Gewissen quält. Spätestens wenn sich die Nachbarn beschweren, wird es dann äußerst unangenehm, dass der Vierbeiner nicht allein bleiben kann.

In einer perfekten Welt lernen bereits junge Hunde, ohne Gedöns kurze Zeit allein zu bleiben. Die stolzen Besitzer gehen einfach mal kurz vor die Tür, warten einen Augenblick und kommen wieder herein. So lernt der Vierbeiner, dass es nicht schlimm, sondern völlig normal ist, wenn man mal allein ist.

Manche Hunde haben das jedoch nicht oder falsch gelernt, was dafür sorgt, dass jeder Einkauf in puren Stress ausartet – aus Sorge, dass der Kleine wieder Alarm schlägt. Zunächst einmal gilt es in so einem Fall herauszufinden, was der Grund für das Spektakel ist.

Während einige Hunde wirklich Trennungsängste haben, sind andere einfach nur sauer und beschweren sich lautstark darüber, dass sie nicht mitkommen dürfen.

Hat ein Hund Trennungsangst, kann man das Alleinebleiben genau wie bei einem Welpen trainieren. Kurz rausgehen und wieder reinkommen, das nächste Mal dann etwas länger, schließlich noch ein bisschen … Achten Sie dabei darauf, dass weder Abschied noch Rückkehr allzu dramatisch verlaufen. Wenn Sie Ihren Hund trösten, weil Sie wegmüssen, ist es kein Wunder, dass er Angst bekommt. Ein kurzes »Bis gleich« und vielleicht etwas zum Kauen können dagegen schon wahre Wunder wirken. Dasselbe gilt, wenn Sie zurückkommen. Machen Sie daraus eine »Wiedersehensparty«, denkt Ihr Hund, dass Ihre Abwesenheit etwas ganz Besonderes war. Das hat zur Folge, dass er das nächste Mal Schwierigkeiten damit hat, dass Sie weggehen. Nicht falsch verstehen:

Das alles bedeutet nicht, dass Sie sich nicht freuen dürfen, wenn Sie nach Hause kommen. Sie brauchen ja aber nicht gleich einen gemeinsamen Freudentanz veranstalten.

Zählt Ihr Hund eher zur Randalefraktion, sollte er auf keinen Fall dergestalt Erfolg haben, dass er so lange kläfft, bis Sie wieder daheim sind. Warten Sie im ersten Schritt ab, bis er sich beruhigt, und kehren Sie erst zurück, wenn er einige Zeit still war. Auch hier gilt, das Gehen und Kommen nicht überdramatisieren. Das wäre kontraproduktiv.

Es gibt leider Hunde, die dermaßen nervenzermürbend durchkläffen, dass Sie vor dem Haus ein Zelt aufschlagen müssten. In einem solchen Fall suchen Sie sich am besten Hilfe bei einem Hundetrainer Ihres Vertrauens. Besprechen Sie mit ihm, welche Maßnahmen helfen könnten, um das Verhalten in den Griff zu bekommen. Kleiner Tipp: Während der Trainingsphase hilft die eine oder andere Packung Pralinen, die Nachbarn zu besänftigen. ✖

CHAOS TOTAL

Da lässt man seinen Vierbeiner mal für eine Sekunde aus den Augen und schon macht er sich daran, Möbel anzukauen, Tapeten abzureißen oder Regale leer zu räumen. Manche Hunde sind wahre Meister der Innengestaltung. Schade nur, dass sie dabei so einen gänzlich anderen Stil pflegen wie ihre Besitzer.

Die Gründe für zerstörerisches Verhalten sind vielfältig. Junge Hunde zum Beispiel kauen, während sie im Zahnwechsel sind, gern verschiedene Dinge an. Einfach weil das Zahnfleisch juckt. Für sie bietet sich daher eine überaus simple Lösung an: Kauknochen oder Ochsenziemer.

Anderen Hunden ist schlicht langweilig, weshalb sie sich selbst etwas zu tun suchen. Hier wäre es an Ihnen, dem Hund eine angemessene Beschäftigung angedeihen zu lassen. Sie können beispielsweise die Spaziergänge attraktiver gestalten, einen Hundesport beginnen oder Suchspiele veranstalten. Vielleicht haben Sie Ihrem Hund auch nicht beigebracht, ab und zu allein zu sein? Dann müssen Sie das mit ihm üben (siehe Seite 123). Kauen ist schließlich auch Stressbewältigung.

Ertappen Sie Ihren Vierbeiner auf frischer Tat, dürfen Sie ihm gern klarmachen, dass Sie es nicht mögen, wenn er auf Ihrer Fernbedienung herumkaut. Ihn anzumeckern, wenn alles schon längst passiert ist, macht dagegen keinen Sinn. Er wird nicht verstehen, worauf Sie hinauswollen. In so einem Moment hilft nur eins: Humor. Und die Erkenntnis, dass das Leben mit einem kreativen Hund den Menschen dazu bringt, ordentlicher oder erfindungsreicher zu werden. Ich etwa habe mir nach der dritten demolierten Brille einfach Kontaktlinsen zugelegt. ✖

»Du warst so
LANGE WEG.«

»Das riecht
nach KATZE.«

»Mir war LANGWEILIG.«

»Die ZÄHNE jucken.«

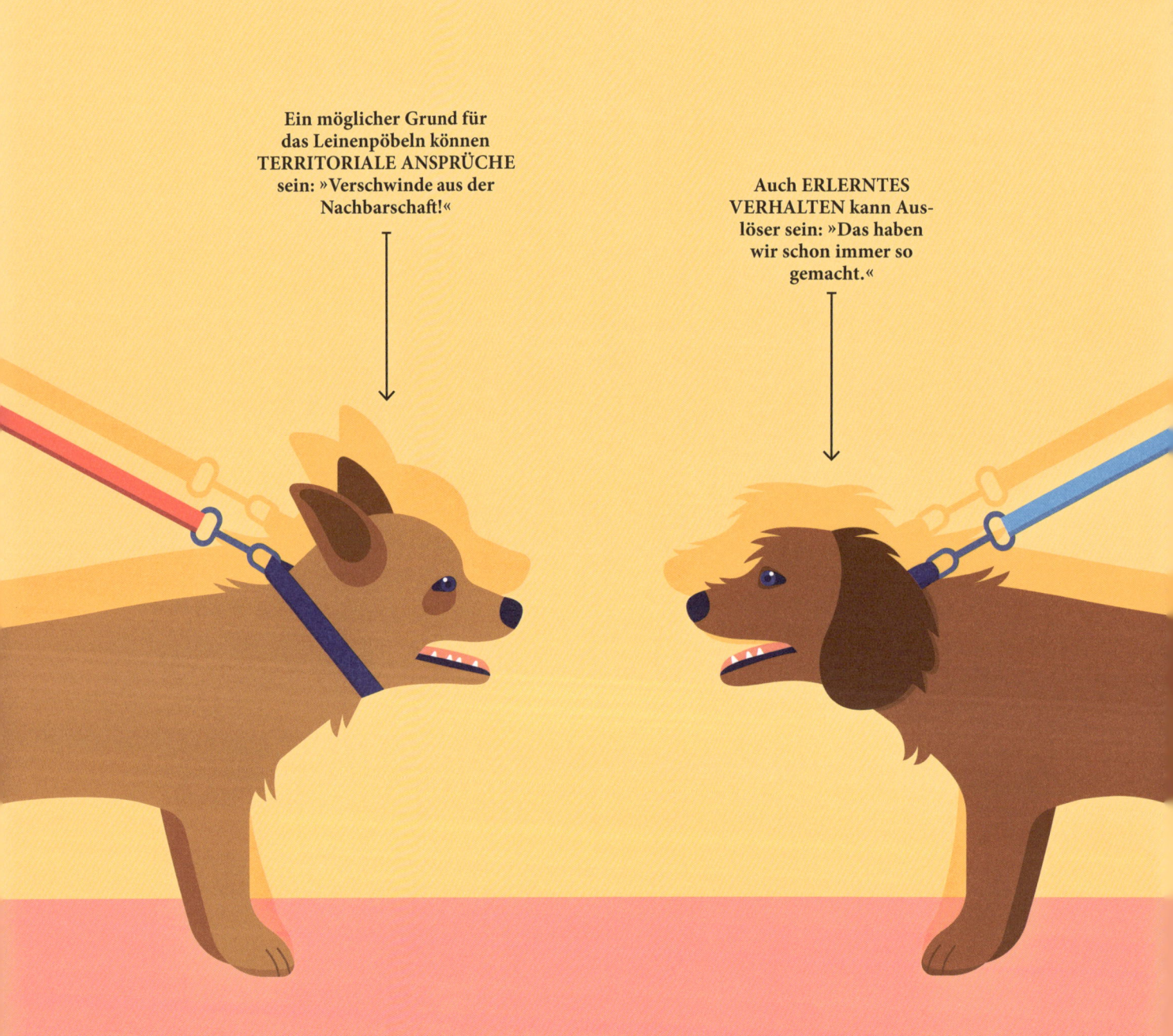

Ein möglicher Grund für das Leinenpöbeln können TERRITORIALE ANSPRÜCHE sein: »Verschwinde aus der Nachbarschaft!«

Auch ERLERNTES VERHALTEN kann Auslöser sein: »Das haben wir schon immer so gemacht.«

LEINEN-PÖBELEI

High Noon, das ist in Western ja die Zeit, in der die Schurken zum Duell rufen. Ein ähnliches Gefühl der Anspannung kennen viele Hundebesitzer, wenn sie mit ihrem Vierbeiner unterwegs sind und ihnen ein Artgenosse begegnet.

Mal ist es der Lieblingsfeind aus der Nachbarschaft, mal ein völlig fremder Hund, der die Frechheit besessen hat, dumm zu gucken, sich aufzuspielen oder einfach nur zu atmen. Jedenfalls rastet der sonst so sanfte eigene Vierbeiner komplett aus – und man hat alle Hände voll zu tun, ihn irgendwie wieder zu bändigen.

Die Gründe für das Leinenpöbeln sind sehr unterschiedlich, genauso wie die Erklärungen dafür. So sind manche Hundebesitzer überzeugt, dass ihr Vierbeiner sie beschützen will. Andere vermuten, dass Angst dahintersteckt.

Der Kommunikationspsychologe Paul Watzlawick hat einmal festgestellt, dass Kommunikation kreisförmig abläuft. In seinem Beispiel nörgelte die Ehefrau, weil sie der Meinung war, ihr Mann zöge sich immer mehr zurück. Der Mann währenddessen tat genau dies, weil seine Frau ständig nörgelte.

Bei vielen Hunden lässt sich genau dieses Missverständnis beobachten: Sobald am Horizont ein Hund auftaucht, versucht der Mensch zu verhindern, dass sein eigenes Tier ausflippt. Und erreicht damit genau das Gegenteil. Er wird also selbst zum Auslöser für das Verhalten, weil der Hund denkt, das Ganze wäre ein gemeinsames Happening. Eine selbsterfüllende Prophezeiung! Dabei müsste der Mensch »nur« einen Weg finden, diesen Kreislauf zu durchbrechen. Damit das auch gelingt, ist es ratsam, eine erfahrene Hundeschule in Ihrer Nähe zu kontaktieren. ✖

DAS IST MEIN FUTTER

Kennen Sie das? Eigentlich wollen Sie Ihrem Liebling etwas Gutes tun und ihm einen Kauknochen oder eine andere Leckerei geben. Und wie dankt er es Ihnen? Kaum nähern Sie sich ihm, da knurrt er Sie an. Was nun?

Dass Hunde ihre »Beute« verteidigen, ist erst einmal normal. Auch in einem Wolfsrudel kommt es immer wieder zu Auseinandersetzungen darüber, wer das größte Stück vom Kuchen bekommt. Das ungeliebte Verhalten dient also der Sicherung von tollen Dingen, auch Ressourcen genannt. Und was dem Wolf in erster Linie sein Futter ist, kann für seinen domestizierten Nachfahren so ziemlich alles sein – angefangen beim Buddelloch auf der Hundewiese über ein Spielzeug bis hin zum schnöden Trockenfutter.

Wenn der Hund knurrt, ist das schon unangenehm genug. Schnappt er dazu auch noch nach der Hand, die ihn füttert, kann das ganz schön wehtun. Deshalb bringt man seinem Vierbeiner am besten bereits im Welpenalter beziehungsweise sobald er eingezogen ist, bei, dass man ihm sein Futter auch mal wegnehmen darf. Ohne dass er deswegen gleich verhungern muss.

Nun argumentieren viele Hundefreunde, dass es doch unnötig sei, dem Hund seine Mahlzeit streitig zu machen. Und natürlich stimmt das auch. Aber was ist, wenn Ihr Vierbeiner auf dem Weg nach Hause einen gammeligen Döner, ein totes Tier oder – im schlimmsten Falle – einen Giftköder entdeckt und aufnimmt? In solchen Fällen ist es nicht nur nützlich, sondern unter Umständen lebensrettend, dass Sie es ihm einfach so und ganz selbstverständlich wegnehmen können. Und genau aus diesem Grund ist es ratsam, für den Ernstfall zu üben. ✖

Zum Üben dem jungen Hund das FUTTER WEGNEHMEN und – wichtig – wieder zur Verfügung stellen. Wenn das gut funktioniert, kann man besondere Leckerbissen verwenden.

Sie üben das »Futter-Wegnehmen«, um eine Handhabe zu haben, wenn er mal einen gammeligen Döner oder Ähnliches auf der Straße findet.

Die Gründe für AGGRESSIVES VERHALTEN sind vielfältig. Hier ist es immer ratsam, sich professionelle Hilfe zu holen.

DICH MAG ICH NICHT!

Wenn sich der Freundeskreis nach und nach minimiert und Besuch immer seltener wird, kann das daran liegen, dass der geliebte Vierbeiner andere Menschen anbellt oder sogar bedroht, wenn sie sich nähern.

»Hunde, die bellen, beißen nicht«, lautet ein altes Sprichwort. Ganz so einfach ist es aber nicht. Zwar machen viele Sofawölfe lediglich eine Menge Tamtam, wenn der Briefträger kommt. Einige Kandidaten lassen sich jedoch auch nicht lumpen, wenn es darum geht, dem Eindringling anschließend auch noch die Hose zu zerlöchern.

Es gibt durchaus Hunde, die rassebedingt dazu neigen, Fremden gegenüber skeptisch zu sein. Beim Hovawart zum Beispiel leitet sich bereits der Name vom »Hofwächter« ab. Dass er ein zuverlässiger Wachhund ist, gehört seit jeher zu seinen besonderen Talenten.

Auch Herdenschutzhunde wurden dafür gemacht, ihre Schäfchen im Trockenen zu halten und jedem Eindringling unmissverständlich klarzumachen, wo der Frosch die Locken hat. Und da man ja nicht wählerisch ist, beschützen sie eben gerne auch mal die Familie, sofern gerade keine Schafsherde zur Verfügung steht.

Bei den meisten Vierbeinern ist es jedoch eher eine Frage der Erziehung und der Erfahrung, ob sie Fremde dulden oder nicht. Auch hier gilt, dass der junge Hund im Idealfall von Anfang an gelernt hat, allen Menschen freundlich zu begegnen. Die Weisheit, dass Hans nimmermehr lernt, was Hänschen verpasst hat, stimmt beim Vierbeiner jedoch nicht. Und so kann auch ein erwachsener Hund durchaus noch lernen, Menschen hinzunehmen. Er muss sie ja nicht heiraten. Aber fressen sollte er sie auch nicht. ✖

In WILDREICHEN
GEBIETEN an der
Leine lassen und Brut-
und Setzzeit beachten. →

Rückruf
trainieren. ←

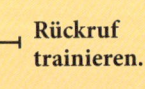

Fängt der Hund an,
SUCHVERHALTEN
zu zeigen, anleinen.

HALALI

Es gibt Tage, da fragt man sich, warum in aller Welt man sich eigentlich nicht lieber einen Goldfisch anstelle eines Hundes zugelegt hat. Besonders häufig schießen einem solche Gedanken durch den Kopf, wenn man wieder mal einsam am Waldrand steht und darauf wartet, dass der Hund vom Jagdausflug zurückkehrt.

Hunde sind Beutegreifer und betätigen sich genau wie ihre wilden Vorfahren gern als Jäger. Dabei müssten sie doch eigentlich gar nicht jagen, sie genießen bei uns schließlich Vollpension. Mal ganz davon abgesehen, dass die Jagd als solche nicht nur anstrengend, sondern auch gefährlich ist. Man könnte sich dabei nämlich ganz schön verletzen – sei es an dem blöden Brombeerstrauch oder weil das Wildschwein sich heftiger wehrt als erwartet. Außerdem bleibt die Jagd nur allzu oft erfolglos.

Doch während Fiffi abends sein Futter bekommt, bleibt Isegrimm am Ball und jagt weiter. Zum Glück werden beim Hetzen körpereigene Drogen ausgeschüttet, die den Vierbeiner sozusagen »high« machen und die Qualen vergessen lassen. Das hat Mutter Natur mal wieder toll eingerichtet. Bei so viel Misserfolg hätten die Wölfe das Jagen sonst vermutlich irgendwann aufgegeben und wären Vegetarier geworden. Aber so dient die Jagd nicht nur dem Selbsterhalt, sondern macht obendrein Spaß. Was will man mehr?

Es gibt verschiedene Möglichkeiten, mit Hunden zu trainieren, die gerne jagen. Doch auch dann kann man das Verhalten immer nur managen. Wegerziehen lässt es sich nicht. Deshalb ist es manchmal entspannter, den Vierbeiner einfach an der Leine zu lassen. Es sei denn, man möchte noch ein wenig am Waldrand warten. ✖

BALL-JUNKIES

Wenn es darum geht, mit dem Hund zu spielen, greifen viele Menschen zum Ball. Doch Vorsicht! Hunde scheinen es zwar tatsächlich zu lieben, der Kugel hinterherzurennen. Manche jedoch lieben es so sehr, dass sie regelrecht abhängig davon werden. Mit der Folge, dass sie nur noch auf den Ball fixiert sind, keinen Sozialkontakt zu Artgenossen mehr ertragen können und sogar ziemlich unwirsch werden, wenn ihnen mal jemand das Bällchen streitig machen möchte. Das hat dann nichts mehr mit Spaß zu tun, sondern ist eine handfeste Sucht, die schnellstmöglich therapiert werden möchte. ✖

Wenn Ihr Hund ein BALLJUNKIE ist, hilft nur der sofortige »kalte Entzug«. Bälle und ähnliche Gegenstände sind also ab sofort tabu.

BALLJUNKIES erkennt man daran, dass alles und jeder abgemeldet ist, sobald ein Ball ins Spiel kommt. Sie tun buchstäblich alles, um an das Objekt ihrer Begierde zu kommen.

MIT GRUSELFAKTOR

Jeder hat vor irgendetwas Angst. Die einen gehen nicht gern im Dunkeln raus, die anderen trauen sich nicht, mit dem Auto auf die Autobahn zu fahren und wieder andere fürchten sich vor Prüfungen. Und natürlich kann jeder nachvollziehen, wie schlimm dieses Gefühl ist. Im schlechtesten Fall kann Angst sogar krank machen oder das Leben so sehr bestimmen, dass man nicht mehr am sozialen Miteinander teilnehmen kann. Dabei ist Angst an sich überlebenswichtig – auch für unsere Hunde. Die sind nämlich auch längst nicht immer so mutig, wie man es aus dem Fernsehen kennt. ✖

ANGST UND FURCHT

Angst beschreibt erst einmal ein diffuses Gefühl einer Bedrohung, das uns dazu veranlasst, Obacht zu geben und gegebenenfalls zu reagieren. Dieses Verhalten ist angeboren und bezieht sich auf tatsächliche oder vermeintliche Bedrohungen. So müssen wir zum Beispiel keine negativen Erfahrungen mit einer Feuersbrunst gemacht haben, um zu flüchten, wenn wir sie wahrnehmen. Auch dass wir bei bestimmten Geräuschen oder bei heftigen Unwettern Angst bekommen, ist normal und sinnvoll. Von Furcht spricht man dagegen immer dann, wenn eine Gefahr nicht diffus ist, sondern auf persönlichen Lernerfahrungen beruht. Auch wenn ein Hund eine unangenehme Erfahrung gemacht hat, kann es sein, dass er sich in der Folge vor dem Ort, dem Menschen oder dem Objekt fürchtet. Die typische Reaktion wäre Flucht. Ist sie nicht möglich, kann es sein, dass der Hund erstarrt oder – in Todesangst – angreift.

UNSICHERHEIT

Anders als erlernte Angst ist Unsicherheit dadurch gekennzeichnet, dass der Hund mit dem Auslöser Kontakt aufnehmen kann. Frei nach dem Motto »Ich würde das Leckerli gern nehmen, aber ich traue dir nicht über den Weg«, ist der Vierbeiner unentschlossen. Im Laufe seiner Entwicklung ist so ein Verhalten zeitweise normal. Insbesondere im Alter von etwa sieben bis neun Monaten neigen junge Hunde zum Fremdeln. Wird Ihr Hund zum Beispiel unsicher, wenn Sie an einer stark befahrenen Straße entlanglaufen, können Sie ihm helfen, indem Sie – nichts tun. Behandeln Sie Dinge so trivial, wie sie sind. Wenn Sie sich »komisch« verhalten, signalisieren Sie Ihrem Hund, dass er mit seiner Sorge vollkommen richtig liegt. In den meisten Fällen gewöhnt sich ein Hund an die Situation und kann in der Folge gelassen damit umgehen.

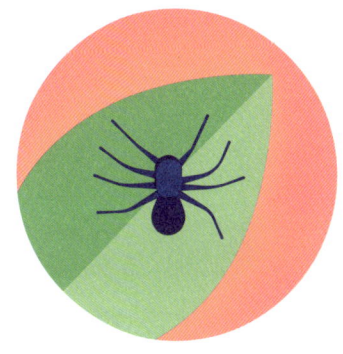

PHOBIE

Haben Sie Angst vor Spinnen? Dann haben Sie vielleicht eine Phobie, also Angst vor Dingen, die eigentlich keinen Grund geben, sich vor ihnen zu fürchten. Neben Spinnen zählen dazu häufig enge Räume, große Höhen und weite Plätze. Forscher haben festgestellt, dass wir nur auf solche Dinge phobisch reagieren können, die im Laufe unserer Geschichte einmal eine Gefahr dargestellt haben. Während es aber für unsere Vorfahren noch überlebenswichtig sein konnte, bei Spinnentieren oder auf großen Flächen ohne Deckung vorsichtig zu sein, ergibt dieses Verhalten heute keinen Sinn mehr. Hunde haben im Gegensatz zu uns Menschen selten Angst vor Spinnen, daher ist die wohl häufigste Phobie beim Vierbeiner die vor Geräuschen. Wenn Ihr Hund davon betroffen ist, kann Ihnen ein Hundetrainer oder möglicherweise sogar ein Tierarzt weiterhelfen.

AB INS ABENTEUERLAND

Als der kameruner Anthropologe Flavien Ndonko in den 1980er-Jahren Deutschland besuchte, war er schockiert, dass sich hierzulande Hundebesitzer von ihren Vierbeinern ein »Küsschen« geben lassen. Kein Wunder, denn Ndonko kam aus einem Land, in dem Hunde noch sehr ursprünglich lebten. Er beschloss, die Deutschen und ihre Hunde genauer zu erforschen. Sein Ergebnis: Die Tiere sind für uns nicht »nur Hund, sondern Freund, Ehemann, Ehefrau, Elternteil oder Kind«. Echte Familienmitglieder eben.

Ndonko ist bei Weitem nicht der Einzige, der davon ausgeht, dass Tiere in uns eine Lücke füllen, die der Wegfall der (Groß-)Familie im Zuge von Industrialisierung und Verstädterung hinterlassen hat. So wurde der Hund erst vom Helfer zum Freund und dann vom Freund zum Sozialpartner. Eine Entwicklung, die etwas verrückt sein mag, aber eben auch liebenswert ist. In diesem Sinne wünsche ich Ihnen und Ihrem Hund auf Ihrem Weg viel Spaß, viele Abenteuer und die ein oder andere Verrücktheit. ✖

REGISTER

A
Aggression 71
Agility 112

Agonistik 71
Alleinbleiben 123 f.
Angst 136 f.
Apportieren 114
Aufgaben 28
Ausstattung 44 ff.

B
Ball 134

Barfen 49

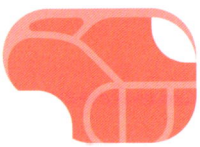

Bedrohen 128, 131
Bellen 131
Belohnung 92 f., 101

Bindung 77

C
Calming Signals 81
Clickertraining 94

E
Erste Hilfe 54
Erziehung 83 ff.

F
Futter 48 f., 128

– verteidigen 128

G
Gassigehen 111, 127

Gefühle 22 f.
Gesellschaftshunde 13

H
Hundeschule 85 f.
Hundesport 109
Hütehunde 17

I
Impfen 53
Intelligenz 21

J
Jagdtrieb 133

K
Kleinsthunde 18
Knurren 128, 131
Komm 104
Kommunikation 71 f., 74
Konsequenz 96
Körpersprache 72

L
Leine 45, 99, 127
Lernen 64, 67, 85, 90, 101, 107

M
Mantrailing 118
Mischlingshunde 15

O
Objektspiel 69

P
Pflege 51

Platz 102

Prägephase 60
Pubertät 63

R
Rasselose 15
Retriever 17

S
Schlittenhunde 13
Sinne 27

Sitz 102

Solitärspiel 69
Soziales Lernen 64
Sozialspiel 69
Spielen 68 f.

Submissionsverhalten 78 f.

T
Terrier 17
Tierheim 37, 40
Treibhunde 17
Treue 24

V
Vorstehhunde 13

W
Welpe 37, 58, 60, 86

Welpengruppe 86
Wolf 10

Z
Züchter 37

BÜCHER & ADRESSEN

Bücher des Autors
Heberer, Ute/Brede, Nora/
Mrozinski, Normen: **Aggressions-
verhalten beim Hund.** Kosmos,
Stuttgart

Mrozinski, Normen: **Hütehunde
als Begleiter.** Kosmos, Stuttgart

Bücher aus dem GRÄFE UND UNZER VERLAG, München
Lenzen, Dirk: **Wenn Hunde spre-
chen könnten und Menschen
richtig zuhören**

Schlegl-Kofler, Katharina: **So
einfach geht Hundeerziehung**

Schmidt-Röger, Heike: **Das große
Praxishandbuch Hunde**

von der Leyen, Katharina/
Böhm-Reithmeier, Inga: **Leinen los!**

Ziemer-Falke, Kristina/Ziemer,
Jörg: **Welpen Basics**

Zeitschriften
Der Hund. FORUM Zeitschriften
und Spezialmedien GmbH,
Merching. www.derhund.de

dogs. Gruner + Jahr, Hamburg.
www.dogs-magazin.de

Hundewelt. Minerva Verlag
GmbH, Mönchengladbach

Verbände und Vereine
**Verband für das Deutsche
Hundewesen e. V. (VDH)**
Westfalendamm 174
44141 Dortmund
www.vdh.de

**Österreichischer Kynologen-
verband (ÖKV)**
Siegfried Marcus-Str. 7
A-2362 Biedermannsdorf
www.oekv.at

**Schweizerische Kynologische
Gesellschaft (SKG/SCS)**
Brunnmattstr. 24
CH-3007 Bern
www.skg.ch

**Berufsverband zertifizierter
Hundetrainer e. V. (BVZ)**
Kleine Westerholzstr. 34
28309 Bremen
www.bvz-hundetrainer.de

Fragen zur Hundehaltung
beantworten Ihr Zoofachhändler
und der **Zentralverband Zoologi-
scher Fachbetriebe Deutschlands
e. V. (ZZF),** Tel. 0611/44755332
(nur telefonische Auskunft
möglich: Mo 12–16 Uhr,
Do 8–12 Uhr), www.zzf.de

Registrierung von Hunden
**Deutsches Haustierregister,
Deutscher Tierschutzbund e. V.,**
In der Raste 10, 53129 Bonn,
www.registrier-dein-tier.de

**Internationale Zentrale Tier-
registrierung (IFTA),** Nördliche
Ringstr.10, 91126 Schwabach,
Tel. 00800/43820000 (kostenlos),
www.tierregistrierung.de

TASSO e. V., Abt. Haustierzentral-
register, Frankfurter Straße 20,
65795 Hattersheim am Main,
Tel. 06190/937300, www.tasso.net,
E-Mail: info@tasso.net

Adressen im Internet
nomro.de
Internetseite des Autors

www.hallohund.de
Hundemagazin mit verschiedenen
Themen rund um die Vierbeiner.

www.hunde.com
Infos rund um den Hund;
Diskussionsforum

Die werden Sie auch lieben.

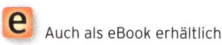

© 2018 GRÄFE UND UNZER VERLAG GmbH, München. Alle Rechte vorbehalten. Nachdruck, auch auszugsweise, sowie Verbreitung durch Bild, Funk, Fernsehen und Internet, durch fotomechanische Wiedergabe, Tonträger und Datenverarbeitungssysteme jeder Art nur mit schriftlicher Genehmigung des Verlages.

Projektleitung: Maria Hellstern
Lektorat: Sylvie Hinderberger
Bildredaktion: Matias Kovacic
Artbuying und Bildredaktion (Cover): Natascha Klebl
Umschlaggestaltung und Layout: Anzinger und Rasp, München
Herstellung: Petra Roth
Satz: Christopher Hammond
Reproduktion: Medienprinzen GmbH, München
Druck: F+W Druck- und Mediencenter, Kienberg
Bindung: Conzella, Pfarrkirchen

ISBN: 978-3-8338-6434-6

1. Auflage 2018

GRÄFE
UND
UNZER

Ein Unternehmen der
GANSKE VERLAGSGRUPPE

Die Illustratorin

Fabia Matveev, geboren 1988, ist selbstständige Illustratorin. Sie lebt und arbeitet in Frankfurt am Main und illustriert unter anderem für Kunden wie das Senckenberg Museum, Siemens, Lufthansa Cargo, TUI und Stern. Mehr Infos unter: www.fabiafabia.com

Wichtiger Hinweis

Die Empfehlungen in diesem Ratgeber beziehen sich auf normal entwickelte, charakterlich einwandfreie Hunde. Wer einen erwachsenen Hund zu sich nimmt, muss bedenken, dass er bereits durch andere Menschen geprägt wurde. Bei einem Hund aus dem Tierheim können Mitarbeiter eventuell Auskunft zur Vorgeschichte des Tieres geben. Es gibt Hunde, die Verhaltensauffälligkeiten zeigen. Sie sollten nur von Menschen aufgenommen werden, die Erfahrung im Umgang mit Hunden haben.

QUALITÄTS
G|U
GARANTIE

Liebe Leserin, lieber Leser,

haben wir Ihre Erwartungen erfüllt? Sind Sie mit diesem Buch zufrieden? Haben Sie weitere Fragen zu diesem Thema? Wir freuen uns auf Ihre Rückmeldung, auf Lob, Kritik und Anregungen, damit wir für Sie immer besser werden können.

GRÄFE UND UNZER Verlag
Leserservice
Postfach 86 03 13
81630 München
E-Mail:
leserservice@graefe-und-unzer.de

Telefon: 00800 / 72 37 33 33*
Telefax: 00800 / 50 12 05 44*
Mo–Do: 9.00 – 17.00 Uhr
Fr: 9.00 – 16.00 Uhr
(* gebührenfrei in D, A, CH)

Ihr GRÄFE UND UNZER Verlag
Der erste Ratgeberverlag – seit 1722.

www.facebook.com/gu.verlag